# 土壌の汚染を知る

## 地下にひそむ汚染、その全貌と対処戦略

田中修三

技報堂出版

# まえがき

土壌は、空気や水と同じように、私たちの生活に欠かせないものであるが、土壌の汚染について私たちはどの程度のことを知っているのだろう。おそらく「誰も知らない、何も気づかない」というのが実情ではないだろうか。

しかし、築地市場移転先の豊洲の土壌・地下水汚染や福島原発事故の放射性物質による土壌汚染など、土壌汚染は身近に起こり得るものであり、しかも環境影響のみならず社会的にも深刻な影響を及ぼす問題であることが明らかになった。土壌汚染は、原発事故による汚染は別として、見えない地下での汚染であるため、リアルタイムで発覚することは少なく、過去の汚染が再開発時あるいは何らかの影響が出てから発覚するケースが多い。したがって、原発の安全神話の下に起きた放射性物質汚染のように、ある日突然、土壌汚染も「知らなかった」では済まされない事態に陥るおそれがある。

近年、わが国では毎年九〇〇件以上の土壌汚染事例が発覚しており、汚染土壌の対策が大きな社会問題になりつつある。土壌汚染は、汚染物質が地下水に溶出すると地下水の汚染につながり、水利用にも多大な影響を及ぼす。土壌汚染の影響として、人の健康被害や生態系の破壊が懸念されるが、さらに汚染により利活用できない土地が増加すると、土地利用の制限から社会経済活動の大きな阻害要因になることも考えられる。

そこで、本書は「土壌の汚染を知る」ことを第一の目的にして、土壌汚染の現状や汚染の歴史から、汚染のしくみと健康影響、汚染対策の法制度、浄化・処分技術、環境アセスメントやリスク評価まで、できるだけ広い範囲を取り扱うことにした。

本書は全八章で構成されており、第一章から第四章は土壌汚染の発生状況、土壌汚染のしくみと健康影響などについて説明し、第五章以降は土壌汚染の対策、評価および課題などを取り上げる。各章の具体的な項目はつぎの通りである。

第一章は、土壌汚染の背景と多様化する汚染について整理し、具体的には環境汚染と物質循環との関係、土壌汚染の背景や発生状況および汚染物質の多様化などを取り上げ、さらに土壌汚染の基準や対策の考え方についても概要を紹介する。

第二章は、土壌汚染に見る環境小史として、過去に起きた農地土壌の汚染と市街地土壌の汚染について、それぞれ事例を挙げながら汚染の概要を説明する。たとえば、農地土壌の例としてイタイイタイ病など、市街地土壌の例として築地市場移転先の豊洲の土壌・地下水汚染などを取り上げる。また、諸外国における土壌汚染の事例やベトナム戦争で発生した土壌汚染についても紹介する。

第三章は、化学物質による土壌汚染のしくみと健康影響として、まず地下の断面構造や土壌の構造・機能について説明し、つぎに人為的要因による土壌汚染のしくみと健康影響について、また自然的要因による土壌汚染と大深度地下利用との関係などを説明する。

第四章は、放射性物質による土壌汚染を取り上げ、放射性物質の放射能とその健康影響を説明し、また原子力発電所で発生する放射性廃棄物の処分問題にも言及する。さらに、東京電力福島第一原子力発電所の爆発事故による放射性物質汚染について、土壌汚染の観点から説明する。

第五章以降は土壌汚染の対策、評価方法および課題を取り上げ、その課題に対処するための提言も行う。そのうち、第五章は、土壌汚染対策に関する法制度を取り上げ、土壌環境基準、市街地土壌の汚染状況調査、土壌溶出量基準と土壌含有量基準、汚染の除去等の措置、農用地の土壌汚染対策などについて説明する。

第六章は、汚染土壌の処理と処分として、汚染土壌に対する浄化、溶融および不溶化による処理技術について説明し、つぎにセメント製造や埋立てによる処分方法についても概要を紹介する。

第七章は、土壌汚染に係る環境アセスメントとリスク評価を取り上げ、まず土壌環境に関する環境アセスメントの内容とアセスメント技術を説明し、つぎに土壌汚染に対するリスク評価とリスクコミュニケーションの考え方や方法について概要を紹介する。

第八章は、土壌汚染対策の課題とその解決のための提言として、まず土壌汚染対策の実態と諸課題について整理し、つぎにブラウンフィールド問題の実情とその背景にある要因を明らかにするとともに、現行の土壌汚染対策が抱える諸課題に対する提言を行う。

このように、土壌汚染について多面的な視点からできるだけ多くの事項を取り上げることにより、わが国における土壌汚染の全貌を明らかにした上で、現行の土壌汚染対策の諸課題に対する対処戦略を検討・提示することを試みた。

ところで、わが国の土壌汚染を振り返ってみると、明治から昭和にかけて富国強兵を目指した軍需産業による鉱毒汚染、戦後の経済優先の工業化に伴う工場排水等による化学物質汚染、近年の原子力発電所の爆発事故による放射性物質汚染など、時代の変化とともに多様な汚染が発生している。しかし、前述の通り、土壌汚染はリアルタイムで発覚することはほとんどない。高度経済成長期からすでに半世紀が経ち、都市インフラの更新や少子高齢化社会に向けた都市の再生が求められている中、再開発に伴い、土壌汚染の実態が少しずつ明らかになってきた。仮に汚染により利活用できない土地が増加すると、経済活動や都市再生にも少なからず影響を及ぼすことになる。

土壌汚染は環境問題であるが、同時に社会的・経済的な問題でもあり、その対策には、環境保全に加えて、都市再生の視点からの取組みと社会全体の理解が必要である。

環境問題に関心のある読者が、土壌汚染について「知り、そして一歩踏み出す」ための入門書として、本書を活用されることを心から願っている。

# 目次

# 第一章　土壌汚染の背景と多様化する汚染

土壌は私たちの生活の場に欠かせないものであるが、実は全国で毎年九〇〇件以上の新たな土壌汚染が発生（発覚）している。有害な重金属や揮発性有機化合物、あるいは放射性物質など、多種多様な汚染物質による土壌汚染が起きている。

とくに、福島原発の爆発事故で放出された放射性物質による周辺地域の汚染、築地市場の移転先豊洲の土壌・地下水汚染、これらは土壌汚染が社会に与える影響の大きさを私たちに一挙に突き付けた。これを機に、原発の安全神話は崩れたが、身近な土壌の安全性についてはどうだろうか。全国で発生している土壌汚染が深刻な状況に陥る前に、私たちはこの問題の実態を知り、適切な対応をしていく必要があるのではないか。

本章では、土壌汚染を知るための導入章として、まず環境汚染と物質循環との関係について整理し、つぎに土壌汚染の背景や発生状況および汚染物質の多様化などについて説明する。さらに、土壌汚染の基準や対策の考え方についても概要を紹介する。

## 環境汚染はなぜ起こるのか

土壌は、空気や水と同じように、あるいはそれ以上に、日常生活においては「安全な状態であるのが当たり前」と考えがちではないだろうか。空気や水については、かつて公害という大気汚染や水質汚濁を経験し、汚染地域では住民の健康被害という大きな犠牲を払いながらも、汚染に対する科学的な知識と浄化技術を持つことができた。一方、土壌汚染は、地下での現象であるためか、比較的発覚しにくく、また調査・研究や法整備も遅れたため、その実態が明らかになってきたのは近年のことである。

私たちはとかく足元の出来事に対しては関心が低く、そこにひそむ変化にも気づかないのかもしれない。

土壌は環境の重要な構成要素の一つであり、人にとっても動植物にとっても、生命活動の基盤として欠かせない存在である。豊かな土壌は森をはぐくみ、森は動物の生息の地となり、また地下には大量の水を蓄えてくれる。その水はやがて平地の土壌を潤し、また一部は地表に流れ出て川や湖となり、まさに命の水となる。

**図1・1**に示すように、自然界で植物は土壌中の水分と栄養分を吸収しながら、大気中の二酸化炭素を使って光合成を行いながら生長し、動物はその植物や他の動物を食べて生きている。いずれ植物は枯れ、動物も死ぬときが来るが、枯れた植物や動物の死骸は土壌中の微生物により分解され、

ふたたび土壌中の栄養分となる。その分解過程で放出される二酸化炭素は植物により吸収され、植物の生長にふたたび利用される。このように、自然界で物質は土壌を介して循環しており、その循環の中で生命活動が営まれている。自然界に廃棄しなくてはならない不要な物質はなく、物質の循環が適切に機能していれば環境の汚染はけっして起こらない。

一方、私たち人間は土地を耕し、作物を育て、牧草地で家畜を飼い、また化石燃料や鉱物など地下資源を使ってさまざまな物を製造するなど、土壌の恩恵を受けながら生活し、経済活動を営んでいる。私たちの生活や経済活動は排水やゴミなど廃棄物の発生を伴うので、環境を保全するためには廃棄物の循環利用や適切な処理が求められる。しかし、高度経済成長期のように経済発展が優先され、環境保全が後手に回ると、廃棄物が物質循環からはみ出し、環境汚染を引き起こすことになる。その廃棄物に有害な物質が含まれていると、過去の歴史が証明しているように、人の健康や生活環境が害される公害が発生し、また生物の生息環境も破壊されてしまう。

二〇世紀、私たちは経済活動による発展の裏で多くの深刻な公害を経験した。たとえば、軍需に対する銅供給を担った足尾銅山で鉱毒事件が起こり、また戦後の高度経済成長を支えた鉱工業は、四大公害病と呼ばれる水俣病、新潟水俣病、

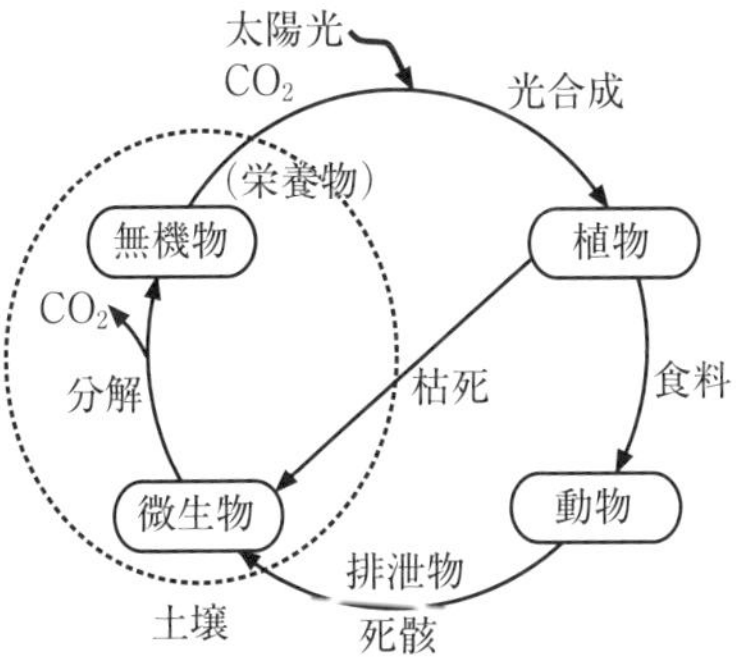

図 1.1　自然界の物質循環

表 1.1　土壌汚染（農用地、市街地）の例

| 汚染地 | 汚染の概要 |
| --- | --- |
| 農用地 | イタイイタイ病（1950 年頃〜）<br>岐阜県神岡町（現飛騨市）の神岡鉱山からの排水により神通川がカドミウムにより汚染され、そこからかんがい用水を取水していた農地が汚染された。その結果、そこで栽培された米にカドミウムが蓄積し、この米を常食としていた農民が慢性カドミウム中毒症を発症した。 |
| 市街地 | 豊洲土壌汚染（2000 年頃〜）<br>築地市場の移転先の豊洲（東京都江東区）は、東京ガスの石炭ガス製造工場の跡地であり、かつて放出されたベンゼンなどの有害物質で土壌が汚染されていた。汚染土壌の浄化後、市場建物が建設されたが、建物地下にたまる地下水から環境基準を超えるベンゼンやシアンが検出され、市場移転に再び問題を起こした。 |

イタイイタイ病および四日市喘息など、きわめて深刻な健康被害を引き起こした。このうち足尾銅山鉱毒事件とイタイイタイ病（**表1・1**上段参照）は、鉱山排水により河川が銅やカドミウムなどの有害金属で汚染され、その河川の氾濫やかんがい用水による農地の汚染、つまり土壌汚染による被害であった。これらの公害は河川の汚染に始まっているためか、一般に土壌汚染としてより水質汚濁の問題としての印象が強いかもしれない。

土壌汚染はかつて農地で起きていたが、近年になると農地よりも市街地で発生する事例が多くなっている。最近の事例で言えば、東京の築地市場の移転先である豊洲の土壌・地下水汚染が挙げられる。**表1・1**下段に示すように、東京ガスの工場跡地である豊洲は、石炭ガス製造工程の排水に含まれるベンゼンやシアンなど、各種の有害物質により土壌が汚染されていた。

汚染の原因となる有害物質は、工場等における原料

や薬品あるいは排水の不適切な取扱いにより土壌に流出するが、このほか農地に散布される農薬から有害物質が土壌に漏出することもある。また、水質汚濁や大気汚染を通じて、有害物質が二次的に土壌に負荷されて汚染が発生することもある。前述の通り、足尾鉱毒事件とイタイイタイ病は水質汚濁により有害物質が二次的に土壌（農地）に負荷された例である。ただし、排水等に含まれる有害性の低い有機物質は、仮に土壌に排出されても、土壌中の微生物により分解され、汚染につながることは少ない。

これらの人為的な要因による汚染に対して、地下の岩盤にもともと含まれていた有害金属が溶け出し、周辺の土壌を汚染するという自然的要因の場合もある。

ところで、有害物質が土壌に漏出すると、土壌は通常移動しないので有害物質も留まり、汚染が長期化することがある。また、土壌中の有害物質が地下水に溶け出すと、地下水の汚染を引き起こす。地下水は土壌中を流動しているので、その分汚染が広範囲なものになることがある。

東日本大震災をきっかけに、新たに放射性物質による土壌汚染が浮き彫りにされてきた。震災時の津波による東京電力福島第一原子力発電所の爆発事故は、大量の放射性物質を大気に放出した（詳細は第四章参照）。主なものは放射性のセシウムとヨウ素であり、それらはやがて地表に降下して、広範囲の土壌を汚染した。その結果、地域の経済活動は完全に停止し、さらに広域かつ長期にわたって人の住めない状況に陥った。

放射性物質は通常の有害物質とは性質がまったく異なる。有害物質はそのほとんどが物理化学的または生物学的な方法で無毒化や除去、つまり処理が可能である。ところが、放射性物質はその放射性を技術的に止めることはできず、密封容器に入れて自然に放射性が減少するのを待つしかない。しかも、放射性物質によってその減少速度は大きく異なり、安全なレベルまで減少するのに数億年という気の遠くなるような時間を要する物質もある。

したがって、放射性物質による土壌汚染に対しては、これまでの有害な化学物質による汚染とはまったく異なる対策が求められることになる。

## 土壌汚染の発生状況

築地市場の豊洲への移転問題により、土壌汚染がにわかに社会問題として取り上げられるようになったが、一体全国で土壌汚染はどの程度発生しているのであろうか。

環境省による土壌汚染状況調査によれば、**図1・2**に示すように、土壌汚染の調査事例件数は年々増加しており、近年は年間二〇〇〇件を超えている。このうち土壌基準を超えた事例（図中の基準超過件数）がなんと年間九三〇件以上に達している。累計では全調査事例約二万四二〇〇件のうち四八％が土壌基準を超えている。土壌汚染対策法が施行された二〇〇三年以降の法対象の調査事例は約六五〇〇件であり、その半分が基準を超えている。この基準超過事例の約一六％が人の摂取経路があり、健康被害を生じるおそれがあるため、汚染の除去等の措置が必要な区域（要措置区域）

に指定されている。残りは人の摂取経路はないが、基準を超えた事例である。なお、要措置区域の約六一％はすでに措置が取られ、指定が解除されている。

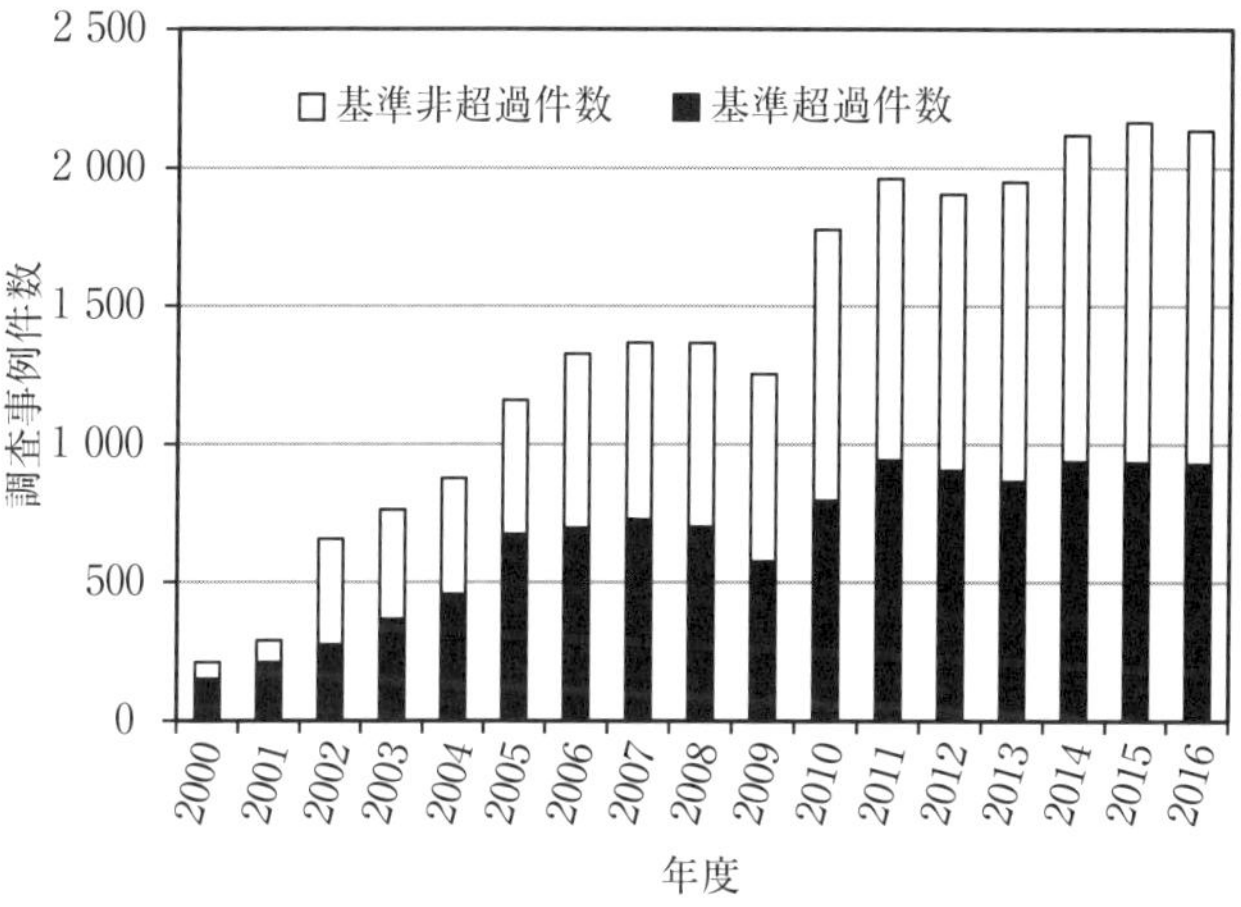


**図 1.2　年度別の土壌汚染判明事例件数**
［出典］　平成 30 年版 環境白書、図 4-1-24 改変

二〇一〇年度に調査事例件数が急増しているのは、調査がそれまでは有害物質を使用する施設の使用廃止時のみであったが、土壌汚染対策法の改正により三〇〇〇平方メートル以上の土地の形質の変更（埋め立てや掘り起こしなど）時の届出および汚染のおそれがある場合の土壌汚染調査が加えられ、さらに自主調査による報告も加えられたためである。なお、二〇一九年度からは有害物質使用特定施設が設置されている工場等、もしくは特定施設の使用が廃止された工場等の敷地にあっては、対象を九〇〇平方メートル以上とすることが追加された。

これらの土壌汚染は、有害物質使用施設を有する工場や事業場の敷地で、施設の廃止後、跡地利用のための汚染調査や地下水の監視によって汚染が発覚したものである。土壌汚染は地下の土壌で発生するため、発生時またはその直後に発覚することは少なく、過去の汚染が再開発時あるいは何らかの影響が出てから発覚するケースが多い。前述の通り、近年は毎年九三〇件以上の土壌汚染事例が新たに発覚しており、しばらくはこの状況が続くことが懸念される。

有害物質使用施設の例としては、酸やアルカリによる表面処理施設、電気めっき施設、研究・検査等を行う事業場の洗浄施設などが多い。表面処理施設とは、金属の塗装やめっき等の前処理工程として、表面の不純物を薬品で除去するための施設である。これらの施設で使用される有害物質としては、ホウ素、フッ素、六価クロムおよび鉛などが多い。

一方、農用地の土壌汚染については、基準値以上検出等地域が二〇一六年度末で累計一三四地域あり、面積で七五九二ヘクタールとなっている。基準値以上検出等地域とは基準値以上の特定有害物質が検出された、または検出されるおそれが著しい地域を意味する。なお、基準値以上検出等地域の約九三％（面積率）は農用地土壌汚染対策計画に基づく対策が完了している。

## 多様化する土壌汚染

近年の土壌汚染の特徴として、事例件数の増加のほか、**表1・2**に示すように、汚染物質が多様化していることが挙げられる。たとえば、東京都江東区では、地下鉄用地に多量のクロム鉱さいが

**表 1.2　近年の各種有害物質による土壌汚染の例**

| 有害物質 | 土壌汚染の概要 |
|---|---|
| ベンゼン、シアン等 | 東京都江東区の豊洲土壌汚染（表 1.1 参照） |
| 六価クロム | 1973 年に東京都が日本化学工業から買収した江東区の地下鉄用地に大量のクロム鉱さいが埋め立てられていた。同小松川工場では重クロム酸ソーダを製造しており、土壌や地下水が六価クロムで汚染され、また従業員が鼻中隔穿孔や肺がんを発症した。 |
| 砒素、セレン | 2004 年、三菱マテリアルと三菱地所が販売した大阪アメニティパークのマンションの敷地土壌が砒素やセレンで汚染されていた。ここは旧三菱金属大阪精錬所の跡地であり、汚染は周辺の土地や地下水にまで及んだ。 |
| ダイオキシン類 | 2004 年、東京都北区の日本油脂工場跡地等、現在の日産化学工業王子工場跡地におけるダイオキシン類による土壌汚染が同社により公表された。北区による土壌調査の結果、旧豊島東小学校、豊島東保育園、東豊島公園敷地から環境基準を上回るダイオキシン類が検出された。 |
| トリクロロエチレン等 | 2004 年、岡山市の旭油化工業の石鹸製造工場跡地に開発された小鳥が丘団地で、トリクロロエチレンやベンゼンによる土壌汚染が確認された。同工場は 1974 年から廃油による石鹸製造を行っており、廃油貯蔵タンクから不法に廃油が土壌浸透処分された。 |
| ポリ塩化ビフェニル（PCB） | 2000 年、東京都大田区の区道工事の掘削土から PCB が検出され、さらに舗装下の土壌から高濃度のコプラナー PCB が検出された。原因は過去（1955 年頃）に操業していた化学工場の撤去時に、PCB を投棄したものと考えられている。 |

埋め立てられており、用地の土壌や地下水が六価クロムで汚染されていた。また、大阪市北区では複合施設の大阪アメニティパークのマンション敷地から砒素やセレン、東京都北区では小学校や公園敷地からダイオキシン類、岡山市の小鳥が丘団地ではトリクロロエチレンやベンゼン、東京都大田区では区道工事の掘削土からポリ塩化ビフェニル（ＰＣＢ）など、各地でさまざまな有害物質が土壌環境基準を超えて検出された。この中には東京都大田区のＰＣＢ汚染のように、汚染が発覚するまでに半世紀ほどの時間が経過しているものもある。

このほか、ガソリンスタンド跡地の鉱物油による土壌汚染も各地で発覚しており、油分による汚染のほか、鉱物油に含まれるベンゼンが基準を超えて検出されている。

一方、福島原発事故で放出された放射性物質による土壌汚染は、その環境影響や汚染の範囲から、これまで経験したことのない汚染であるといっても過言ではない。なお、放射性物質による土壌汚染には、原発の事故や運転に伴い発生する放射性廃棄物による汚染のほか、核兵器の開発・使用による汚染があるが、ここでは原発事故による土壌汚染の概要を紹介する。

福島原発事故で放出された放射性物質は放射性のセシウムとヨウ素であり、これらの物質は風にのって広い地域に移動・拡散し、やがて地表に降下して土壌や底質（河川や湖沼の底泥）を汚染した。その広がり方は風向きによって一様ではなく、また雨が降った地域ではより多くの放射性物質が降下した。放出された放射性物質のうちセシウム（Cs-137）の半減期（詳細は第四章参照）は約三〇年であり、新たな放出が収まった後も追加的被爆の原因となっている。また、放射性物質は農地にも降り注ぎ、その結果放射性物質が作物に取り込まれるなどの影響が出た。汚染地域において、土地の用途や汚染レベルに従って汚染土壌が掘削除去されたが、膨大な量の汚染土が保管されたままであり、その処分のめどは十分に立っていない。放射性物質汚染の詳細は第四章で説明する。

## 土壌汚染の基準と考え方

土壌の汚染の程度を把握し、汚染の防止や対策を適切に行うためには、安全な、または目標とする基準が必要である。そこで、土壌汚染の基準に係る法規制について概要を説明しておこう。なお、法規制の詳細は第五章で説明する。

環境基本法に基づき、環境省令で土壌（市街地・農用地）の環境上の望ましい基準として土壌環境基準が定められている。これに対して、土壌の汚染の防止や対策を行うための法規制は市街地と農用地で法律が異なり、市街地は「土壌汚染対策法」および農用地は「農用地の土壌の汚染防止等に関する法律」により、汚染対策の基準が定められている。土壌汚染の要因には人為的なものと自然的（地質由来）なものがあり、土壌環境基準は人為的要因による汚染に対して適用される。一方、汚染対策の基準は人為的要因による汚染と自然的要因による汚染の両方に適用される。

土壌環境基準の基準項目は、有害性の高い揮発性有機化合物、重金属等および農薬等に分類される二九物質が定められている。農用地に対してはこのうち重金属等のカドミウム、銅および砒素の三物質が適用される。また、ダイオキシン類の土壌環境基準は「ダイオキシン類対策特別措置法」によって別途定められている。

汚染対策の基準としては、市街地の土壌に対して土壌溶出量基準と土壌含有量基準の二種類がある。これらの基準は土壌汚染対策法に基づく「指定区域」の指定に係る基準であり、指定基準と呼ばれている。ここに、溶出量基準は有害物質が地下水に溶出し、その地下水の飲用による健康リスクを想定し、含有量基準は有害物質を含む汚染土壌を直接摂取する健康リスクを前提とするものである。汚染土壌の直接摂取は土いじりや砂ぼこりなどによる口や鼻からの摂取である。基準項目として、溶出量基準は土壌環境基準項目のうち二六物質が定められ、これを特定有害物質（放射性物質は含まれない）と呼んでいる。含有量基準は特定有害物質のうち重金属等の九物質に対して定められている。

農用地の土壌には、汚染対策地域の指定要件として、重金属等のカドミウム、銅および砒素の三物質の含有量基準が定められている。

一方、放射性物質については、東日本大震災による原発事故をきっかけに環境基本法が改正され、放射性物質による汚染の対策も同法の対象となった。実は、それ以前は放射性物質による環境汚染を防止するための措置を原子力基本法に委ねていた。すなわち原子力を利用する側の自主規制であった。現時点で放射性物質の土壌環境基準はないが、「放射性物質汚染対処特措法」に基づき、原子力発電所等の事故で放出された放射性物質による汚染土壌の処理基準が定められている。また、稲作土壌に対しては放射性セシウムの暫定的な上限値がある。

ところで、土壌汚染が深刻になればなるほど、その土地は利用できないあるいは利用価値が著しく低下した状態になり、その土地をめぐる経済活動や街づくりも著しく制限される。このような土地は、緑地を意味するグリーンフィールドの対義語として、ブラウンフィールドと呼ばれている。汚染土壌の掘削除去や浄化には一般的に多額の費用がかかるので、近年ブラウンフィールド化する土地が増加し、深刻な社会的・経済的な問題になりつつある。これは土地の売買において、ほとんどの買主が汚染土壌の掘削除去や浄化を求めることが背景にある。将来的には、汚染の存在する土地に対して、汚染土壌の掘削除去や浄化を必ずしも前提とせず、人への健康影響が出ない範囲で汚染の実態に合わせた土地利用を計画するなど、柔軟な対応も必要となるかもしれない。

# 第二章 土壌汚染に係る環境小史

土壌汚染は主に社会・経済活動の負の結果として発生するので、その活動の変化、つまり時代の変化とともに汚染の質や影響も変化していくものである。したがって、過去に発生した土壌汚染の背景や歴史を知ることは、汚染の防止や対策の基本的な考え方を整理する上でも重要である。わが国の土壌汚染の歴史は、簡単に言うと、明治から昭和にかけての軍需産業による鉱毒汚染、戦後の経済優先の工業化による化学物質汚染、さらに近年の原発事故による放射性物質汚染など、時代を反映した汚染からなる。

本章では、足尾銅山鉱毒事件とイタイイタイ病による農地土壌の汚染、六価クロム鉱さいの埋め立て地や築地市場移転地の豊洲工場跡地などの市街地土壌の汚染について、それぞれの概要を説明する。また、諸外国における土壌汚染の事例も紹介し、さらにベトナム戦争で発生した土壌汚染についても説明する。

なお、原発事故による放射性物質汚染は、通常の有害な化学物質による汚染とは本質的に異なるため、別途第四章で取り上げる。

## 足尾銅山鉱毒事件

足尾銅山はかつて栃木県上都賀郡《かみつが》(現 日光市)にあり、一六一〇年から三六〇年近く続いた銅山である。一八七七年に古河市兵衛(後に古河鉱業)に経営が移ってから銅の生産量が伸び、日本最大の銅山として明治から昭和の軍需に後押しされて銅の供給に寄与した。一方、銅山の鉱さいがたびたび洪水で渡良瀬川に流出し、その鉱毒により河川や農地が汚染された。鉱さいとは選鉱・製錬工程で発生するスラグである。農地の汚染は、洪水による汚染土の堆積のほか、渡良瀬川からかんがい用水を取水していたためであった。洪水の原因は、銅山開発のための樹木伐採とともに、製錬所から排出された亜硫酸ガスが周辺の山林を枯らし、いわゆるはげ山となり、山林の保水力が失われたためであった。

銅の生産に使われた黄銅鉱には銅や鉄のほか、鉛、亜鉛、カドミウムおよび砒素等が含まれていた。この黄銅鉱を高純度の銅にするために選鉱・製錬が行われるが、この工程で重金属を含んだ選鉱・製錬排水が出る。また、鉱さいは山の渓谷、窪地あるいは川岸等に堆積処分されていた。選鉱・製錬排水、堆積鉱さいおよびその雨水の浸透水が渡良瀬川に流入し、重金属いわゆる鉱毒による水質汚濁を引き起こしたものである。

鉱毒による農地汚染により農業は甚大な被害を受け、被害農民らは鉱毒除去・鉱業停止の請願書を政府に提出し、反公害運動を起こした。農地を汚染した鉱毒の主な原因物質は銅イオンであったが、後にカドミウムや鉛も検出された。この鉱毒事件では、農業被害のほか、カドミウム中毒症を発症した農民もいたといわれている。

ところで、地元代議士の田中正造は帝国議会でこの問題を取り上げ、鉱毒被害の救済に奔走した。一九〇〇年には被害農民が請願のため上京の際、警官隊と衝突し、流血騒ぎが起きた。川俣事件である。その後、田中正造は代議士を辞職し、一九〇一年に鉱毒事件について明治天皇に直訴するものの、未遂に終わったが、被害者とともに反対運動を続けた。

これを機に世論は沸騰し、政府は遅ればせながら救援活動や鉱毒予防工事などの対策を取り始めた。その中には渡良瀬川下流にある谷中村に鉱毒沈殿のため（洪水対策もあったと思われる）の遊水池（渡良瀬遊水池）を築造することも含まれていた。しかし、これは反対運動の中心となった谷中村を廃村にして、運動の弱体化を狙ったものという指摘もあった。足尾銅山からの鉱毒流出は一九六〇年代になっても続き、銅山が閉山されたのは一九七三年のことであった。鉱毒事件から七〇年以上もの時が経っていた。

わが国の公害の歴史の中で、足尾銅山鉱毒事件は、企業による環境破壊と住民の反公害運動を象徴する最初の公害として、「公害の原点」といわれている。

## イタイイタイ病

岐阜県神岡町（現 飛騨市）の高原川沿いにある三井組（現 三井金属鉱業）の神岡鉱山からの排水により、高原川本川の神通川がカドミウムにより汚染され、そこからかんがい用水を取水していた富山県神通川流域の農地が汚染された。その結果、そこで栽培された米にカドミウムが蓄積したが、人々はこれを知る由もなく、この米を常食としていた農民が慢性カドミウム中毒症を発症した。神岡鉱山は小規模ながら江戸時代から操業が続いていたが、一八七四年以降三井組により経営され、その後大規模に亜鉛や鉛を生産していた。生産に使われた亜鉛鉱石にはカドミウムが含まれており、鉱山排水にそのカドミウムが溶出した。

富山県が一九七一年に実施した調査によると、約一五〇〇ヘクタールがカドミウム汚染対策地域に指定され、このうち五〇〇ヘクタールの水田で食品衛生法の基準である玄米中カドミウム濃度が一・〇ｐｐｍ（mg/玄米kg）を越えた。日本産の玄米に含まれるカドミウムは平均して〇・〇六ｐｐｍ（旧食糧庁の一九九七〜一九九八年全国実態調査結果）であり、調査された汚染米カドミウムは一七倍以上の濃度であった。また、汚染田の土壌中の平均カドミウム濃度は表層土で一・一二ｐｐｍであり、上流域の土壌では平均二・〇ｐｐｍ以上と高い濃度であった。土壌中のカドミウム濃度と玄米中濃度との間に相関関係はなく、土壌濃度が低くても高濃度の汚染米が検出された。土壌中のカドミウムは稲の根から吸収され、最終的に子実（米粒）に蓄積される性質があると考えられている。

汚染米を食してカドミウムが体内に蓄積すると、骨軟化症や腎臓障害を起こし、ひどくなると骨折を繰り返すようになった。被害患者が全身の激痛に耐えかねて「痛い、痛い」ということから、この中毒症は「イタイイタイ病」と呼ばれるようになった。イタイイタイ病は一九六八年に公害病として認定され、一九七二年に損害賠償訴訟における三井金属鉱業の賠償責任の判決が出された。この間、カドミウムを含む鉱山排水が長きにわたり放流されたものと推定される。このような企業の公害対策の遅れと政府の対応のまずさが、被害を一層拡大させることになった。イタイイタイ病は、水俣病、新潟水俣病および四日市喘息と合わせて四大公害病と称されている。

イタイイタイ病は鉱山排水による河川の水質汚濁から農地の土壌汚染にまで広がった環境汚染およびそれによる健康被害であり、これがきっかけとなって、一九七〇年に「農用地の土壌の汚染防止等に関する法律」が制定された。この法律に基づき、特定有害物質のカドミウム、銅および砒素の基準が定められ、農用地の汚染対策地域の指定や対策等が図られるようになった。

## 六価クロム鉱さい埋め立てによる汚染

一九七三年、東京都が日本化学工業から買収した江東区の都営地下鉄用地および市街地再開発用地に、大量のクロム鉱さいが埋め立てられていることが判明した。その後、江戸川区堀江町（現南葛西）にもクロム鉱さいが埋められていることがわかり、日本化学工業による江東区と江戸川区にまたがるクロム鉱さい土壌汚染が発覚した。日本化学工業はクロム酸塩などの製造を行っており、その工程で発生した六価クロムを含有するクロム鉱さいが処分されていた。実は、鉱さい埋め立て発覚以前から、同社小松川工場では従業員に六価クロムによる鼻中隔穿孔が認められ、肺がんなどの犠牲者も出ていた。

六価クロムは強い毒性と酸化性を持ち、皮膚や粘膜に付着した状態を放置すると皮膚炎や腫瘍の原因になる。飛散した六価クロム含有粉末を長期間鼻腔から吸収し続けると、鼻中隔に慢性的な潰瘍ができ、鼻中隔穿孔を発症する。また、六価クロムは発がん性物質でもあり、多量に肺に吸入すれば呼吸機能を阻害し、長期的には肺がんにつながる。

東京都と日本化学工業は処理に関する協定を結び、鉱さいの還元・封じ込め処理を行い、埋め立てられた土地を再整備した。しかし、その後も六価クロムを含む地下水が漏れ出し、十分に処理しきれていない恐れが指摘された。東京都江戸川区小松川の区道で六価クロムを含む地下水が路上に漏れ出したが、東京農工大の調査によれば、これは雨水ますから漏れ出していることが分かった。現場で採取した水に含まれる六価クロムの濃度は五〇ｐｐｍ以上であり、環境基準の一千倍に相当する濃度であった。

この事例以外にも、クロム鉱さいの埋め立てによる土壌汚染は各地で発生している。たとえば、北海道栗山町においては、クロム工場から発生した約二四万トンのクロム鉱さいが工場敷地や町内外各所に埋め立てられていた。これらの埋立地由来の浸出水により、付近住民の居住地域や公共用水域が汚染されるなど、環境汚染が問題となった。鉱さい埋め立てが行われていたのは一九七〇年以前であり、当時は法律でも産業廃棄物の敷地内埋め立てが禁止されてはいなかった。

東京都の六価クロム鉱さい埋め立てによる土壌汚染がきっかけとなり、一九七六年に廃棄物処理法が改正された。それまでは産業廃棄物の埋め立て処分の基準が定められていたが、つまり埋め立て処分が認められていたが、法改正により敷地内埋め立ても禁止されることになった。さらに、最終処分場が廃棄物処理施設として位置付けられて、規制の対象となり、また産業廃棄物の処理に関する事業者の責務も強化された。

## 東京ガス豊洲工場跡地（築地市場移転地）の汚染

東京都には一一の中央卸売市場があり、そのうち最も古い歴史を持つのが築地市場である。築地市場の移転先である豊洲は、かつて東京ガスの石炭ガス製造工場（豊洲工場）のあった跡地である。豊洲工場では一九五六年から一九八八年まで都市ガスを製造しており、一九七六年までの二〇年間は原料に石炭を使用する石炭ガスの製造が行われていた。

東京都の豊洲土壌汚染調査（二〇〇七年、二〇〇八年）によると、豊洲跡地は七種の有害物質（ベンゼン、シアン化合物、砒素、鉛、水銀、六価クロム、カドミウム）により汚染されており、表層土壌からはベンゼンが最高で環境基準値の四万三〇〇〇倍（四三〇 mg/L）、シアン化合物が八六〇倍（八六 mg/L）の濃度で検出された。ただし、シアン化合物については、環境基準は全シアンが「検出されないこと」であり、これは「定められた測定方法の定量限界〇・一 mg/L を下回ること」を意味し、定量限界に対する倍率である。地下水も同有害物質（六価クロムを除く）による汚染が確認され、ベンゼンは環境基準値の一万倍（一〇〇 mg/L）の濃度で検出された。土壌または地下水について、汚染が確認された地点は敷地全体ではないが、全調査地点の三六％であった。

豊洲工場では原料の石炭をガス化し、その石炭ガスを精製後、都市ガスとして供給していた。ところが、石炭ガスの冷却・精製工程で、副産物として生成されたベンゼンやシアン化合物、また触媒として一部使用された砒素化合物など、これらの有害物質を含む排水や汚泥が十分に処理されず、土壌や地下水の汚染を引き起こした。

一九三五年に開場された築地市場は、五〇年後に現地での再整備計画が立てられた。しかし、その再整備は、**表2・1**に示すように、整備費の膨張と計画変更後の移転先豊洲の土壌汚染により、きわめて複雑かつ長期の問題と化した。

前出の東京都による豊洲土壌汚染調査の約七年前、東京ガスによる自主調査が行われており、その結果が二〇〇一年一月に公表された。それによると、ベンゼンが最大で環境基準の一五〇〇倍、シアンが四九〇倍の濃度で検出され、このほか砒素、水銀、六価クロムおよび鉛などの重金属によ

**表 2.1　豊洲の土壌汚染に関連する事項の経緯**

| 年月 | 関連事項 |
|---|---|
| 1935 年 | 築地市場の開場 |
| 1956 年 | 東京ガス豊洲工場が石炭ガス製造開始 |
| 1976 年 | 豊洲工場の石炭ガス製造停止 |
| 1986 年 | 東京都が築地市場の現地再整備を決定 |
| 1988 年 | 豊洲工場の操業停止 |
| 1993 年 | 築地市場の再整備費が当初計画より約 1 000 億円増え、3 400 億円に膨張 |
| 1999 年 | 築地市場再整備推進協議会による移転整備方針、東京ガスに豊洲土地売却の打診 |
| 2001 年 1 月 | 東京ガスによる豊洲土壌汚染の公表 |
| 2001 年 10 月 | 東京都環境確保条例施行 |
| 2001 年 12 月 | 東京都卸売市場整備計画（第 7 次）策定、築地市場の豊洲移転を決定 |
| 2003 年 2 月 | 土壌汚染対策法施行 |
| 2006 年 3 月～2007 年 4 月 | 東京ガスが汚染拡散防止措置完了届書（5 ～ 7 街区）を東京都環境局に提出 |
| 2007 年 4 月 | 豊洲新市場予定地における土壌汚染対策等に関する専門家会議を設置 |
| 2007 年 10 月～2008 年 5 月 | 東京都調査により豊洲の地下水と土壌のベンゼン等有害物質による汚染が発覚 |
| 2008 年 8 月 | 豊洲新市場予定地の土壌汚染対策工事に関する技術会議の設置 |
| 2011 年 7 月 | 豊洲新市場建設事業の環境影響評価書の提出 |
| 2011 年 8 月 | 専門家会議の提言を受け、東京都による土壌汚染対策工事の開始 |
| 2014 年 11 月 | 技術会議にて豊洲の土壌・地下水の汚染対策完了を確認 |
| 2016 年 5 月 | 豊洲市場施設の本体工事の完了 |
| 2016 年 9 月 | 豊洲市場建屋下に盛土のない地下空間があることが判明 |
| 2017 年 1 月・3 月 | 豊洲市場建屋の地下水から環境基準値を超えるベンゼンを検出 |
| 2017 年 6 月 | 都知事が築地市場の豊洲移転を表明 |
| 2018 年 10 月 | 築地市場の豊洲移転 |

る汚染が確認されていた。

一方、同年一二月には東京都卸売市場整備計画（第七次）が策定され、築地市場の豊洲への移転が決定された。土壌汚染対策については、同年一〇月に施行された東京都環境確保条例に従い、東京ガスが汚染拡散防止措置を実施し、二〇〇六年三月から翌年四月にかけて五～七街区の措置完了の届出を行った。これを受けて、東京都は「豊洲新市場予定地における土壌汚染対策等に関する専門家会議」を二〇〇七年四月に設置した。専門家会議（東京都）が土壌・地下水の追加調査を行ったところ、前出の通り、表層土壌と地下水からベンゼンなどが環境基準値を大きく超える濃度で検出された。

東京都は専門家会議の提言を受け、二〇一一年から約八五〇億円かけて土壌汚染対策を実施した。具体的には、約四〇ヘクタールの敷地内の表土を約二メートル削って汚染土壌を除去し、きれいな土を搬入して四・五メートル分の盛り土を行う計画であった。ところが食品を扱う水産卸売場棟、水産仲卸売場棟および青果棟など主要な五棟において、実際には汚染土壌を除去しただけで、盛り土は実施していなかった。後の説明によると、配管などを通すため床下に約四・五メートルの地下空間を設ける必要が生じたため、ということであった。

建屋床下の地下空間に浸みだす地下水に対して、二〇一四年一一月に始めた水質調査でベンゼンが環境基準値の七九倍の濃度で検出され、またシアン化合物と砒素も基準値を越えた。再調査を行うと、今度は基準値の一〇〇倍のベンゼンが検出された。

これに対して、専門家会議は、地下水管理システムの稼働により土壌中の残留ベンゼンなどが地下水に溶け、その地下水が移動した可能性が高い、との見解を示した。また、ベンゼンの地下水の環境基準は、体重五〇キログラムの人が七〇年間毎日二リットル飲み続けると一〇万人に一人ががんになる確率が上がるとされる値であり、豊洲市場で地下水を飲用や洗浄に使うことはなく、食品を扱う建物は地下とコンクリートで隔てられているので安全であるとした。

地下空間にコンクリートを敷設する工事の追加を前提に、都は改めて築地の豊洲への移転を表明し、市場は二〇一八年一〇月に移転した。

## 諸外国における土壌汚染

### ■ラブキャナル事件（アメリカ）

ラブキャナル事件（一九七八年）は、ニューヨーク州ナイアガラフォールズ市のラブ運河（ラブキャナル）建設の跡地を、フッカー化学社（Hooker Chemicals and Plastics Corporation）が同社化学工場から排出された廃棄物の埋立処分地として利用し、その後、同跡地に隣接する住宅地の住民が埋立地から漏出した有害化学物質により健康被害を受けた公害事件である。

十九世紀末、William T. Love が水力発電事業のためにナイアガラ川の上流と下流をつなぐ約一〇キロメートル長の運河の建設を始めた。しかし、不況により事業は建設途中で頓挫し、約一キロメートル長の運河建設跡地が残った。このラブキャナル跡地は売却され、廃棄物の埋立処分場として利用されることになった。ラブキャナル埋立処分場の主な利用者であったフッカー化学社は、農薬・除草剤等を生産する工場から出た化学廃棄物を処分していた。なお、ナイアガラフォールズ市と米軍も同処分場に廃棄物を処分していた。フッカー化学社による埋立処分は一九四二年から一九五三年まで続き、約二万二〇〇〇トンの化学廃棄物が埋め立てられた。その後、同社は小学校建設用地を求めていたナイアガラフォールズ市にラブキャナル処分場跡地を一ドルで売却した。また、同市はラブキャナルに隣接する土地も入手し、宅地開発を進めた。

ラブキャナル隣接地に建設された宅地の住民は、入居間もなく庭や小学校運動場からの悪臭等に悩まされていた。一九七八年、ニューヨーク州保健省の調査により、悪臭や水・土壌の有害物質(PCBやダイオキシン等)汚染が確認され、また地域住民に流産や死産の発生率が高いことも明らかになった。ラブキャナル処分場に投棄された化学廃棄物から有害物質が漏出し、空気や水・土壌の汚染が起きていることがわかり、大きな社会問題となった。小学校は一次閉鎖され、住民の一部は強制疎開になった。ついに周辺一帯は立入禁止となり、国家緊急災害区域に指定された。

このラブキャナル事件を契機に、アメリカ環境保護庁(EPA)は一九八〇年にその浄化費用に充てるために「包括的環境対処補償責任法(通称スーパーファンド法)」を制定し、信託基金が設立された。さらに、一九八六年に同法は大幅に改正され、スーパーファンド法修正・再授権法(この修正法をスーパーファンド法と呼ぶこともある)により、現在の土壌汚染対策が取られるようになった。なお、スーパーファンド法の経験はわが国の土壌汚染対策法の立法時にも活かされている。

## ■中国の土壌汚染

中国の土壌汚染は、長江デルタ（上海とその周辺）や珠江デルタ（広州とその周辺）、東北の旧工業基地（遼寧、吉林、黒竜江）および西南・中南地区（河南、湖南、広東等）など、沿海部の広範囲にわたっている。中国国務院の環境保護部が二〇〇五年から二〇一三年にかけて全国土壌汚染状況調査を実施しており、その調査によりとくに沿海部で深刻な土壌汚染が明らかになった。

国土の約三分の二に当たる六三〇万平方キロメートルに及ぶ調査面積に対して、基準超過率は全国の土壌調査地点の一六％であり、とくに鉱工業地の土壌汚染は深刻であった。また、耕地土壌では一九％、林地土壌では一〇％、草地土壌では一〇％および未利用地では一一％が基準を超過していた。主な汚染物質はカドミウム、水銀、砒素、鉛など重金属類であり、このほか耕地や林地では農薬成分のＤＤＴやＢＨＣ（ベンゼンヘキサクロリド）も検出されている。

鉱工業地での土壌汚染の詳細は**表2・2**に示す通りであり、調査地点数に対する基準超過率が重度汚染企業用地と周辺地で三六％、工業跡地で三五％、採鉱地区で三三％、工業パークで二九％および採油地区で二四％であった。つまり、全国のほぼ三分の一の鉱工業地で基準を超過していることになる。主な汚染物質は、前述の重金属類のほか、化石燃料等の燃焼副生成物である多環芳香族炭化水素（ＰＡＨ）であり、これは発がん性、変異原性および催奇形性のある物質であることが知

**表 2.2　中国の鉱工業地における土壌汚染**

［中国国務院環境保護部　全国土壌汚染状況調査 2005 ～ 2013 年］

| 調査対象地 | 調査数<br>地点数 | 基準超過率（%） | 主な汚染物質 |
|---|---|---|---|
| 重度汚染企業用地と周辺地 | 690 社<br>5 846 地点 | 36.3 | 鉄・非鉄金属、皮革、製紙、石油・石炭、化工・医薬、化繊・ゴム、電力産業等からの排出物質 |
| 工業跡地 | 81 区画<br>775 地点 | 34.9 | 水銀、鉛、クロム、砒素、PAH |
| 工業パーク | 146 か所<br>2 523 地点 | 29.4 | カドミウム、鉛、銅、砒素、亜鉛、PAH |
| 採油地区 | 13 か所<br>494 地点 | 23.6 | 石油炭化水素、PAH |
| 採鉱地区 | 70 か所<br>1 672 地点 | 33.4 | カドミウム、鉛、砒素、PAH |

注）　PAH：多環芳香族炭化水素（化石燃料等の燃焼副生成物）

られている。

耕地土壌の汚染は汚染かんがい、農薬、化学肥料および農業用フィルムに起因するものである。汚染かんがいとは工業汚水や汚染された河川水によるかんがいであり、調査対象である五五か所の汚水かんがい区の一三七八地点に対して二六％が基準を超過していた。DDTやBHCなど有機塩素系農薬は一九八〇年代に使用が禁止されているが、これらの物質は難分解性であり、土壌中に長期間残留する。中国で使用される農薬には銅や砒素を含むものがあり、またリン酸肥料にはカドミウムを含むため、これらの大量使用は重金属汚染の主因となっている。農業用フィルムは、土壌表面を覆うことにより水分や熱を保ち、また雑草や害虫を防ぐために使用されるが、含有成分のフタル酸エステルによる汚染の原因となっている。フタル酸エステルは柔軟性や加工性を与える可塑剤として添加されるが、発がん性、生殖毒性および内分泌攪乱作用がある。

廃棄物処分場については、調査された処分場一八八か所の一三五一地点に対して、その二一％が基準を超過していた。選鉱くず、フライアッシュ（石炭の燃焼灰）、廃家電、家庭ごみなどは堆積または埋立処分されており、その処分場からの浸出水が土壌汚染の原因となっている。

土壌汚染による健康被害も各地で発生しており、その一例を紹介する。二〇一六年四月、中国中央テレビの報道によると、江蘇省常州市の常州外国語学校新校舎の生徒約五〇〇人に皮膚炎や血液異常などの症状が広がっており、リンパ腫や白血病などの悪性疾病と診断された生徒もいたことがわかった。同校は前年九月に化学工場跡地に隣接する新校舎に移転したが、化学工場跡地ではクロロベンゼンが地下水から基準値の約九万四八〇〇倍、土壌から約七万八九〇〇倍の濃度で検出された。工場の元従業員によると、作業の手間を省くために廃水を工場外に流したり、廃棄物を地中に埋めたりしたという（読売新聞二〇一六年四月一八日付、毎日新聞二〇一六年四月一九日付）。政府は工場排水を未処理で川などへ流すことを規制しているが、費用のかかる処理装置をつける代わりに、高圧力をかけて工場排水を土壌に流し込む手法がかなりの場所で行われているといわれている。

## ■レッカーケルク事件（オランダ）

オランダのロッテルダム郊外にあるレッカーケルクの住宅地で、一九七八年水道水に有害物質が混入する事件があり、調査の結果、土壌中に有害廃棄物が埋設されていることが判明した。土壌の汚染は深刻であり、住民は避難を余儀なくされた。宅地開発前の一九七〇年頃、その土地は塗料工場からの有害廃棄物の埋立処分地として使われていた。汚染土壌の大規模な除去作業が行われ、その総量はドラム缶約一六五〇本分の廃棄物と一四万トンの土壌に達した。

この事件を契機に国内全土の土壌汚染調査が進められ、一九九一年には一〇万か所以上の汚染地区が明らかになった。同時に暫定土壌保護法も制定され、さらにこの暫定法は一九九五年に土壌保護法の修復規制に置き換えられた。レッカーケルク事件はオランダの土壌修復の歴史の端緒を開いた事件であり、アメリカのラブキャナル事件の欧州版ともいわれている。

## ■オスナブリュック土壌汚染（ドイツ）

オスナブリュック市はドイツ北西部のニーダーザクセン州に位置し、一九九二年、約一万八〇〇〇人が生活する住居地のヴュステ地区で、広範囲に廃棄物が埋め立てられていることが発覚した。ヴュステ地区は、宅地開発の前は廃棄物処分地として使用されており、地下一～一・五メートルに廃棄物（建設廃棄物、燃え殻、焼却灰、家庭ごみ、鉱さいなど）の層があることが分かった。

オスナブリュック市の調査によると、地下水や土壌ガスの汚染は軽微であるが、土壌はＰＡＨ、鉛、カドミウムなど有害物質が市の基準の対策値を超える濃度で汚染されていることが判明した。また、同地区の約五四%は何らかの措置が必要であるとされた。しかし、一九九八年に連邦土壌保全法が制定され、新たに導入された連邦基準に照らして再調査・再評価された結果、七五二か所のうち八六か所の土地で汚染土の掘削除去がされることになった。オスナブリュックのヴュステ地区の土壌汚染は、ドイツ最大の住居地土壌汚染といわれている。

## ベトナム戦争と土壌汚染

ベトナム戦争は、南北に分断されたベトナム人同士の争いであるが、東西冷戦下、南ベトナムを支援したアメリカ（資本主義国）と北ベトナムを支援した中国やソビエト連邦（共産主義国）との代理戦争ともいわれる。この戦争の始まりは一九六〇年頃であるが、とくに一九六四年のトンキン湾事件および翌年のアメリカ軍による北爆から、その激しさを一気に増した。戦争が終わったのは、アメリカが敗北して撤退した一九七三年、あるいは南ベトナムのサイゴンが陥落して南北ベトナムが統一された一九七五年とされている。この戦争で米軍が使用した枯葉剤が、森林土壌の汚染と深刻な人の健康被害を引き起こし、子や孫の世代まで続く化学物質による史上最悪の環境汚染となった。

枯葉剤は、ジャングルに潜むゲリラ戦兵士の居場所や物資輸送路の位置を知る目的で、アメリカ軍が一九六二年から七一年までベトナム中部・南部の樹木を枯らすために空中散布した除草剤である。ただし、アメリカ軍が散布を止めた後、南ベトナム政府軍はアメリカ軍より供給された枯葉剤を継続して散布した。枯葉剤の散布には、周辺地域の農作物を枯らし、兵士への食料供給を断つ意図もあった。

ところが、この枯葉剤には猛毒のダイオキシンが含まれており、兵士や周辺住民が枯葉剤を浴びたり、土壌や地下水の汚染により間接的に摂取したりして、長年にわたり皮膚疾患や流産・死産のほか、胎児の奇形・知的障害など、世代を超えてきわめて深刻な健康被害を発症した。枯葉剤は南ベトナムの二四三万ヘクタールに散布され、南ベトナム全土の約二〇%に相当する土壌が汚染された。散布されたダイオキシンは合計三六六キログラムに達したと推計されている。ダイオキシンは難分解性で、水に溶けにくいため、土壌中に長期間残留し、その影響は今日においてもなお続いている。

枯葉剤を製造していたのは、アメリカの化学企業ダウ・ケミカルやモンサントなど三七社であった。枯葉剤はドラム缶（約二一〇リットル）に入れられ、ピンク、緑、紫、オレンジ、白、青などの色で標識されていた。その中で、ベトナム戦争ではオレンジ剤の「エージェント・オレンジ」が一番多く使用され、全枯葉剤量の約六四%を占めていた。この枯葉剤の主成分は2,4-ジクロロフェノキシ酢酸（2,4-D）と2,4,5-トリクロロフェノキシ酢酸（2,4,5-T）であるが、その混合物に副産物のダイオキシンが含まれていた。

ダイオキシンには塩素の数と結合位置により七五種類の異性体が存在し、オレンジ剤に含まれていたのは最も毒性の強い2,3,7,8-TCDDであった。異性体とは同じ種類で同じ数の原子で構成されているが、化学構造が違うため化学的な性質が異なる物質のことである。ダイオキシンは、その被曝により発生するクロルアクネ（塩素化合物による皮膚疾患）のほか、催奇性、発がん性、肝毒性、免疫毒性などを有し、とくに催奇性は第二・第三世代にまで影響を与えている。

当時、枯葉剤が貯蔵されていたベトナム中部のダナンやホーチミン近傍のビエンホアの元アメリカ軍基地およびその周辺は最も汚染がひどく、さらに残った枯葉剤が埋設投棄されたこともあって、現在も土壌から高濃度のダイオキシンが検出されている。ベトナム政府は、アメリカ国際開発庁（USAID）と協力して、ダナン空港土壌のダイオキシン除染プロジェクトを開始し、二〇一二年に第一期工事、二〇一六年に第二期工事に着手した。しかし、このような「ホットスポット」と称される高濃度汚染地点が他にも約三〇か所あるとされている。

アメリカ軍基地跡地におけるドラム缶の埋設投棄やダイオキシンによる土壌汚染は、ベトナムに限ったことではなく、わが国でも沖縄の返還地で相次いで発覚している。

二〇〇二年、北谷町の射爆場跡地での再開発に伴い、油状物質が入ったドラム缶二一五本が掘り起こされた。二〇一三年、旧嘉手納基地の跡地にある沖縄市サッカー場では、改修工事中に一〇〇個以上のドラム缶が掘り起こされ、ドラム缶付着物や周辺土壌からダイオキシン等が検出された。また、同基地跡に造成された宅地からもダイオキシンや有害物質が検出された。さらに、宜野湾市の西普天間住宅地区（キャンプ瑞慶覧）返還地では、返還前の二〇一四年に行われた文化財発掘調査で、土壌からの異臭・油臭の検出と埋設ドラム缶が発掘された。

米軍基地でどのような化学物質が使われているか不明であり、基地の返還に伴い、沖縄だけでなく、全国各地で各種の有害物質による土壌汚染が問題となる懸念がある。

# 第三章　土壌汚染のしくみと健康への影響

土壌汚染は、原因となる化学物質の性質のほか、地下の断面構造や土壌の構造によって、その汚染のしくみや影響が異なってくる。また、汚染の原因が人為的要因か、自然的要因かによっても違いが出てくる。具体的には、土壌層の透水性や地下水の形態および土壌の種類や構造が重要な要素であり、また汚染物質の種類（性質）も地下土壌の性状や構造との関係に影響することを知っておく必要がある。

本章では、まず地下の断面構造と地下水および土壌の構造と機能について整理し、つぎに各種汚染物質（揮発性有機化合物、重金属類、農薬等）について、人為的要因による汚染のしくみと健康影響を説明する。また、自然的要因による汚染に関して、自然界における有害物質の存在量や大深度地下利用による汚染などを説明する。

## 地下の断面構造と地下水

土壌中の汚染物質は、土壌粒子に吸着されて長く滞留・蓄積することもあれば、土壌水や地下水に溶出して移動・拡散することもある。また、汚染物質が有機物であれば、土壌中の細菌により分解されることもある。したがって、土壌汚染のしくみには、汚染物質の物性のほか、汚染物質が移動する地下の構造や土壌そのものの構造、土壌の物理化学的・生物学的な機能、これらの要素が複雑に関係している。そこで、まず地下の断面構造と地下水が汚染にどのように関係してくるかについて説明する。土壌の構造や機能および汚染物質の物性については、次節以降で取り上げる。

汚染物質が水に可溶性であれば、土壌汚染は地下水の汚染にもつながりやすい。地下水を含む地下での汚染物質の挙動を知るためには、まず土壌の地下断面構造を理解する必要がある。**図3・1**に示すように、土壌の断面は地表から地下水面を境に不飽和帯と飽和帯、そして飽和帯下部の難透水層に区分される。不飽和帯は土壌中の間隙が水で満たされていない領域で、飽和帯は水で満たされた領域をいう。難透水層は地下水をほとんど通さない地層であり、粘土層やシルト層が多い。この難透水層に挟まれた飽和帯も存在する。

地下水には不圧地下水と被圧地下水があり、不圧地下水は上部に難透水層がなく自由地下水面を持つ状態で帯水し、被圧地下水は飽和帯がその上下部の難透水層に挟まれて水圧がかかった状態で帯水している。不圧地下水の地下水位の位置は帯水層中のある深度に存在するが、必ずしも帯水層すべてが飽和帯とは限らない。降雨などにより帯水層内の地下水位は上下する。帯水層とは砂層等の透水性が良い地層であり、一般に地下水の取水（井戸）の対象となる地層である。

また、不圧地下水を取水する井戸を浅井戸、被圧地下水を取水する井戸を深井戸という。不圧地下水の場合、地上から汚染物質が不飽和帯に浸透して、直接地下水に到達する可能性がある。一方、被圧地下水は、離れた山地等に降った雨が時間をかけてゆっくりと地下を流れてきたものであり、その過程で土壌による浄化を受ける。したがって、深井戸は水質・水量ともに比較的安定している。

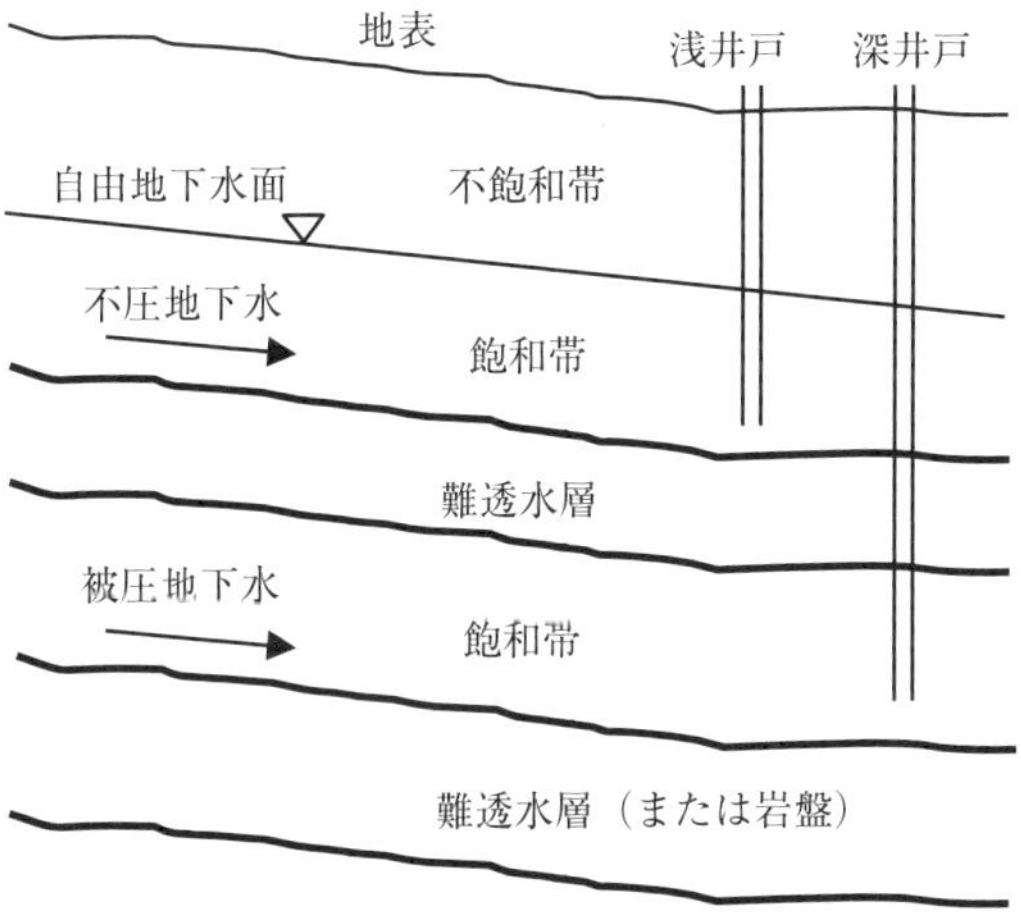


**図 3.1　土壌の地下断面構造**

帯水層または飽和帯は地下水が流れる経路でもあり、地下水汚染の拡がりを調べる上でも重要であるが、観測井が浅井戸か深井戸かによって、前述の通り、汚染物質の発生源を特定する際には注意を要する。また、被圧地下水でも、上部の難透水層が途中で切れた地層では、そこから不圧地下水の飽和帯と合わさることになる。

## 土壌の構造と機能

つぎに、土壌の構造と機能を取り上げるが、まず構造について説明しよう。土壌は固形物からなる固相とその粒子間の隙間である孔隙（間隙）からなり、孔隙は水で満たされた液相と空気で満たされた気相からなる。これを土壌の三相という。

土壌の固相は無機物と有機物に分けられ、無機物は一次鉱物と二次鉱物、有機物は腐食と土壌生物からなる。一次鉱物は岩石が破砕・風化された微細な粒子であり、二次鉱物は岩石や微細粒子から溶出したイオンで生成された新たな鉱物で、主に粘土鉱物である。一方、有機物の腐植は、動植物遺体が細菌により分解された後に残る茶褐色または黒色の物質であり、アルカリと酸に対する溶解性から、アルカリに可溶で酸に不溶の腐植酸、いずれにも可溶なフルボ酸、アルカリに不溶なヒューミンに分類される。土壌生物は孔隙の液相または気相に存在し、細菌・菌類・原生動物などの微生物および線虫・ミミズ・モグラなどの土壌動物の総称である。なお、細菌は動植物遺体など有機物の主な分解者である。

固相の一次・二次鉱物の粒子のサイズは、数ミリメートルから一マイクロメートル（1μm＝0.001mm）以下のものまである。**表3・1**に示すように、国際土壌学会法では粒径二ミリメートル以上を礫、二〜〇・〇二ミリメールを砂、〇・〇二〜〇・〇〇二ミリメートルをシルトおよび〇・〇〇二ミリメートル以下を粘土と区分している。粒径一〜〇・〇〇一マイクロメートルの粒子はコロイドと呼ばれるが、自然界ではそのほとんどが粘土である。また、土壌中の砂、シルトおよび粘土の各成分の割合を粒径組成といい、この組成によって土壌の物理化学的性質である土性が決まる。たとえば、粘土量が多くなればコロイド的性質が強くなり、可塑性、粘着性、あるいは陽イオン交換容量（後出）が大きくなる。

表3.1　土壌の粒径区分（国際土壌学会法）

| 区分 | 粒径（mm） | |
|---|---|---|
| 礫 | 2以上 | 水をほとんど保持しない |
| 砂 | 2〜0.02 | 毛管孔隙に水が保持される |
| シルト | 0.02〜0.002 | 同上＋肉眼で見える限界 |
| 粘土 | 0.002以下 | コロイド的性質を持つ |

［資料］新潟県農林水産部2005年

一方、土壌の孔隙の量や性状は土壌の構造によって変化し、土壌の保水性や透水性に深く関係する。孔隙の量は土壌と孔隙の各体積の割合である孔隙率（または間隙率）で表され、その孔隙率は土壌の有機物含有量によっても変化する。一般に、孔隙率は火山灰土壌で七〇〜八〇％、非火山灰土壌で五五〜六〇％が目安とされる。具体的な土壌の種類でいえば、孔隙率は黒ボク土が平均で七四％、粘土土壌が五五％および砂質土壌が四〇％程度である。黒ボク土は火山灰土と腐植からなり、わが国の畑地土壌の半分程度を占める。

孔隙は、土壌の保水性や透水性に深い関係があると述べたが、水の流動に関与しないものもある。そこで、孔隙率に対して、地下水流動に関与する孔隙に対する土壌の体積割合を有効孔隙率と呼んでいる。たとえば、粘土層は孔隙率五五％に対して有効孔隙率は五〜一〇％程度であり、透水性はきわめて低い。これに対して、砂質層は孔隙率四〇％でも有効孔隙率は三〇％程度あり、粘土層に比べれば砂質層の透水性はかなり高い。

土壌の構造は、**図3・2**の構造モデルに示すように、単粒構造と団粒構造に分類され、その構造によって孔隙率が変化する。単粒構造は土壌粒子がばらばらに存在する構造で、斜列状態に近づくほど孔隙率が小さくなる。砂質土壌は単粒構造が多く、下層が緻密に詰まった状態となりやすい。なお、水田土壌は単粒構造が主体であるが、土壌水分が多いため詰まった状態とはならない。団粒構造は土壌粒子が相互にくっつき合って、団粒を形成した状態であり、団粒化することで孔隙率が高くなる。団粒内部の小さい孔隙は毛管水を保持し、同時に団粒間の大きな孔隙は透水性や通気性を高める。

土壌の団粒化には土壌生物が深くかかわっている。細菌が堆肥などを分解する際に出す粘性物質は土壌の団粒化に必要な接着剤の役割を果たし、また糸状菌の菌糸やミミズなどが分泌する高分子化合物も団粒の形成や補強にかかわっている。

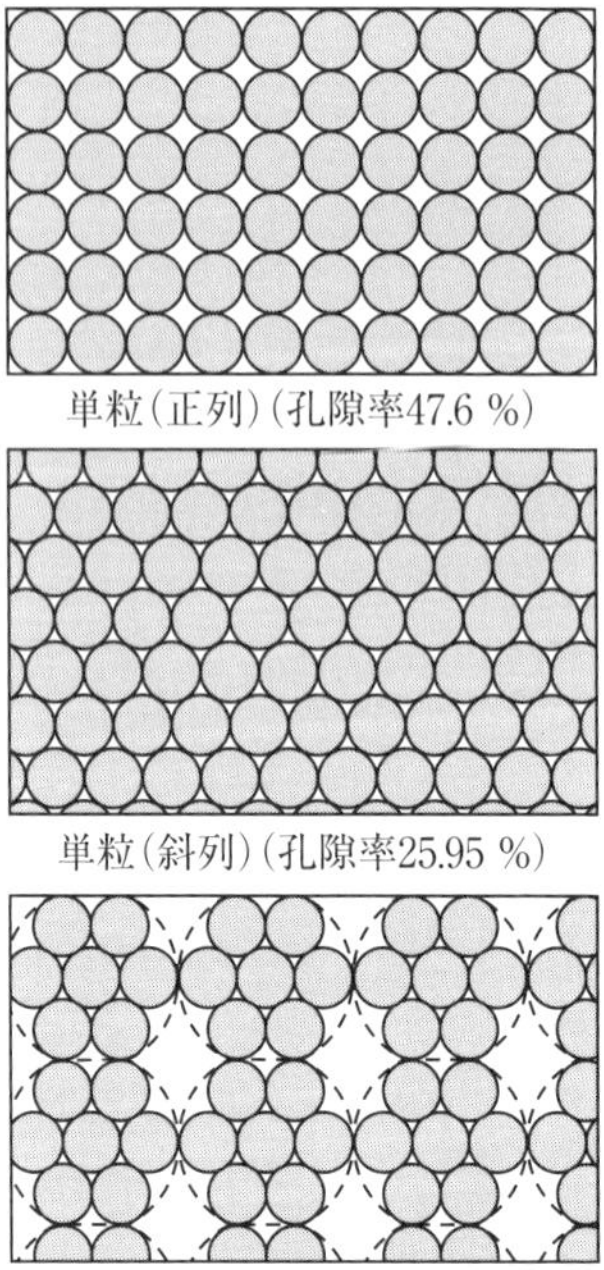

単粒（正列）（孔隙率47.6 %）

単粒（斜列）（孔隙率25.95 %）

団粒構造（孔隙率61.223 %）

**図 3.2　土壌構造（粒子配列）モデルと孔隙率**

［出典］　新潟県農林水産部（2005）

土壌の構造は、水やガスの移動および土壌粒子表面で起こる物理化学的・生物学的な反応に深く関係するので、土壌中の汚染物質の挙動にも大きく影響する。土壌はその性質に基づくさまざまな機能を有するが、土壌汚染との関連からは、土壌粒子による物質の吸着・交換および土壌生物による有機物の分解、この二つの機能に整理することができる。

物質を吸着・交換する機能は、土壌コロイドを形成する粘土鉱物や腐植によるものである。粘土粒子は水中で正にも負にも帯電し、自然界では水中の粘土粒子は一般的に負荷電（陰荷電）を帯びている。また、腐植も水中では一般的に負に帯電している。したがって、土壌コロイドの表面には正荷電の陽イオン（$Mg^{2+}$、$Ca^{2+}$、$K^{+}$など）が吸着されやすく、陽イオンを仲立ちするように粘土・腐植複合体を形成する。表面に吸着された陽イオンが溶液中の他の陽イオンと交換する（置き換わる）過程を土壌の陽イオン交換といい、その陽イオンの保持量を陽イオン交換容量（ＣＥＣ）という。

土壌コロイドへの吸着性は、イオンが等濃度で存在する場合、イオンの電荷が大きいほど高い。例えば水溶液中の$K^{+}$と$Ca^{2+}$であれば、より吸着するのは$Ca^{2+}$である。等電荷のイオンであれば、イオン半径の大きい（原子番号の大きい）イオンほど電荷密度が小さく、水和イオン半径が小さくなるため、吸着性が高くなる。水溶液中の$Na^{+}$と$K^{+}$であれば、より吸着するのは原子番号の大きい$K^{+}$である。水和とは水溶液中のイオンがその周りに水分子を静電気的に引き付ける現象である。金属水溶液では、金属イオンがそのまま溶けているように表すことが多いが、実際には水和したイオンとして存在する。例えば、水中で$Na^{+}$は$Na(H_2O)_n{}^{+}$のような水和イオンとして存在する。

ところで、鉄やアルミニウムの酸化物や水酸化物の土壌コロイドは、粒子表面が水酸基（－OH）で覆われており、土壌のpHにより負電荷を生じたり、正電荷を生じたりする。正電荷の場合、前述の例とは逆に陰イオンを吸着することができる。これについては後節で説明する。

土壌のもう一つの機能である有機物の分解は、土壌動物が動植物遺体等の有機物を粉砕・摂食し、その粉砕物や土壌動物の糞を微生物が分解（無機化）することにより、有機物を無機栄養物に変換する機能である。土壌中の微生物は細菌、放線菌、菌類、藻類および原生動物の五種類に大別できるが、土壌汚染という視点からは細菌がとくに重要な役割を果たす。自然界には土壌一グラム当たり数千万～数十億の細菌がいるといわれている。その中には土壌汚染の原因となる各種の有機汚染物質を分解する能力を有する細菌もいる。

細菌は、細胞合成（増殖）のための炭素源として、有機物を利用する従属栄養と、二酸化炭素を利用して有機物を必要としない独立栄養に分類され、さらにそれぞれに酸素を必要とする好気性と必要としない嫌気性がいる。一般的に、土壌表層には酸素が存在するので好気性の細菌が存在し、地中深くの酸素のない土壌には嫌気性の細菌が存在する。したがって、細菌による有機汚染物質の分解は、従属栄養の好気性細菌または嫌気性細菌によるものである。ただし、土壌中には有害な砒素（無機物）の無毒化に関与する独立栄養の細菌もおり、土壌汚染に対する細菌の関与は有機物の分解だけではない。

## 人為的要因による土壌汚染のしくみと健康影響

### ■揮発性有機化合物による土壌汚染

事業場等で有害物質を使用する施設を特定施設といい、具体的な施設は水質汚濁防止法で定められている。そのうち土壌汚染対策法の対象となるのは、同施行令（政令）で定める特定有害物質を使用する施設であり、これを有害物質使用特定施設という。有害物質使用特定施設の使用が廃止されると、土壌汚染対策法により、その施設を有する工場等の敷地の土壌の汚染状況を調査しなくてはならない。政令で定める特定有害物質は二六物質あり、揮発性有機化合物（第一種特定有害物質）、重金属等（第二種特定有害物質）および農薬等（第三種特定有害物質）に分類されている。そこで、まず揮発性有機化合物による土壌汚染を取り上げ、その汚染のしくみと人の健康への影響を説明する。

揮発性有機化合物（Volatile Organic Compounds：VOC）とは、常温常圧で容易に揮発する有機物質の総称で、一般的に水に溶けにくく、難分解性で、粘性が低いという性質を示す。具体的には、**表3・2**に示すように、トリクロロエチレン、テトラクロロエチレンおよびベンゼンなど、一二物質が指定されている。

揮発性有機化合物（以下ＶＯＣで表記）は、一般的に液体の状態で使用・保管される。特定施設から土壌に漏出した場合、ＶＯＣは土壌粒子に吸着されにくいため、土壌中の孔隙を下方向に移動

**表 3.2　土壌汚染に係る揮発性有機化合物（VOC）の主な用途と健康影響**

| 物質 | 用途等 | 健康影響・特性 |
|---|---|---|
| クロロエチレン | 塩化ビニル樹脂原料（配管、建材等） | 発がん性（1）、変異原性等、引火性 |
| 四塩化炭素 | 他のクロロカーボン・農薬等の原料 | 発がん性疑い（2B）等、オゾン層破壊 |
| 1,2- ジクロロエタン | クロロエチレン原料、洗浄剤、殺虫剤等 | 発がん性疑い（2B）、変異原性等 |
| 1,1- ジクロロエチレン | 塩化ビニリデン樹脂原料、包装用フィルム等 | 発がん性報告（3）、変異原性、肝臓組織変化等 |
| シス-1,2- ジクロロエチレン | クロロエチレン類製造時の副産物、他物質の分解産物 | 変異原性報告等 |
| 1,3- ジクロロプロペン | 農薬、害虫くん蒸剤等 | 発がん性疑い（2B）、変異原性報告等 |
| ジクロロメタン | 金属洗浄剤、脱脂剤、溶剤等 | 発がん性疑い（2B）、変異原性報告等 |
| テトラクロロエチレン | 代替フロン原料、ドライクリーニング、脱脂剤等 | 発がん性（2A）、腎・肝臓障害等 |
| 1,1,1- トリクロロエタン | 金属洗浄剤、ドライクリーニング等 | 中枢神経系抑制・麻酔作用、腎臓障害等、オゾン層破壊 |
| 1,1,2- トリクロロエタン | 塩化ビニリデン樹脂原料、溶剤等 | 発がん性報告（3）、変異原性等 |
| トリクロロエチレン | 脱脂剤、代替フロン原料、溶剤等 | 発がん性（1）、腎・肝臓障害等 |
| ベンゼン | スチレン等各種合成樹脂の原料 | 発がん性（1）、変異原性等、引火性 |

注）国際がん研究機関（IARC）による人に対する発がん性の分類グループ：1 は発がん性がある、2A はおそらくある、2B はあるかもしれない、3 は有無を分類できない

して、横方向にはあまり広がらず、地下水に到達しやすい。ただし、地下水汚染の広がり方はＶＯＣの密度によって異なる。

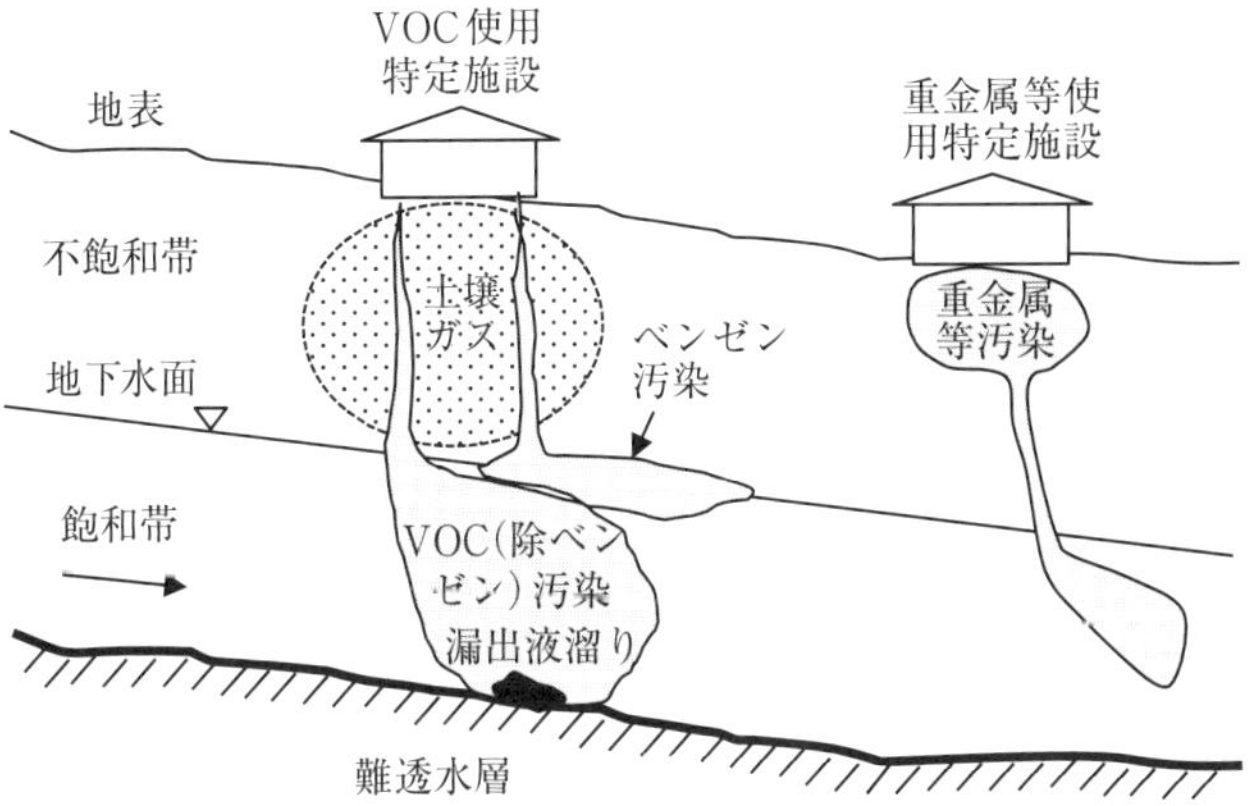


**図 3.3　土壌・地下水汚染のしくみ（模式図）**

［出典］　環境省：地下水汚染の未然防止のための構造と点検・管理に関するマニュアル（第 1.1 版）参考

**図3・3**に示すように、ベンゼンは土壌の不飽和帯に浸透して、地下水面に到達すると、水より密度が小さい（水より軽い）ので、地下水の流れに乗って地下水上面を横方向に移動・拡散する。ベンゼン以外のＶＯＣは、水より密度が大きい（水より重い）ので、地下水中に拡散しながらも深さ方向に移動して、難透水層面まで到達し、地下水の深部にまで汚染が広がることがある。また、飽和帯底部に漏出液溜りができると、汚染が長期化する可能性もある。また、ＶＯＣが不飽和帯に浸透する過程で、揮発性の高いＶＯＣは一部が土壌ガスとして土壌の気相に溜ることもある。その土壌ガスが大気に揮散すれば、大気汚染にもつながる。

ＶＯＣの主な用途と人の健康への影響を**表3・2**に整理した。ＶＯＣは合成樹脂の原料、各種溶剤、農薬および金属洗浄剤などの用途で広く使用されている。しかし、ＶＯＣのほとんどに発がん性（発がん性の疑いを含む）があり、また変異原性を有するものもある。変異原性とは遺伝子に損傷を与え、変異を及ぼす性質をいう。地下水は井戸や上水道水源として利用されており、わが国の上水道の約二〇％（水量割合）は地下水を水源としている。したがって、地下水がＶＯＣにより汚染されると、直接摂取による人の健康被害が懸念される。

近年、トリクロロエチレン（ＴＣＥ）やテトラクロロエチレン（ＰＣＥ）による地下水汚染が全国的に判明している。ＴＣＥやＰＣＥは不燃性で、油脂の溶解性が高いことから、ＩＣ基盤や金属機械部品の脱脂洗浄剤として広く使われている。また、ＰＣＥはドライクリーニングでも使用されている身近な物質でもある。これらの用途で使用される際、その不適切な取扱いや排水の漏出等により、ＴＣＥやＰＣＥが土壌に浸透し、地下水にまで達したものである。ＴＣＥやＰＣＥが体内に取り込まれると、肝臓や腎臓への障害のほか、発がんの恐れもある。

クロロエチレン類やクロロエタン類は、土壌細菌により分解されると、中間産物やクロロエチレンに転換される。中間産物の例として、ＴＣＥやＰＣＥが分解されると1,1-ジクロロエチレンやシス-1,2-ジクロロエチレンが生成され、また1,1,1-トリクロロエタンからはより毒性の高い1,1-ジクロロエチレンが生成されることがある。これらの分解産物も特定有害物質に含まれる。また、クロロエチレンはグループ一（**表3・2**の欄外参照）に分類される発がん性がある。このことは、特定施設で使用履歴がない物質でも、実際の使用物質（親物質）から土壌細菌による分解により生成されることがあり、その結果親物質より有害性の高い物質に転換される場合があることを意味している。

ベンゼンはかつて有機溶剤として広く使用されていたが、その用途は他の溶剤によって代替され、現在は合成樹脂、合成ゴム・皮革などの工業製品の原料として使用されている。溶剤として使用されていた頃、ベンゼン中毒が多数報告されていた。ベンゼンは他のＶＯＣと同様発がん性があり、また反復ばく露により骨髄の造血機能障害も引き起こすといわれている。

## ■重金属等による土壌汚染

第二種特定有害物質としての重金属等とは、重金属のカドミウム、六価クロム、水銀および鉛に加えて、重金属ではないが有害なシアン、セレン、砒素、フッ素およびホウ素を含む九物質をさす。重金属等という呼称は、特定有害物質のうち有機化合物のＶＯＣ（第一種）と農薬等（第三種）を除くものを一括して使っている。

重金属は金属単体の密度が四～五（$g/cm^3$）以上の金属元素であり、密度による分類のためさまざまな性質を持つ金属が含まれる。たとえば、前出のカドミウムなど四金属は産業用として広く使われているが、いずれも有害性が高い。一方、セレン、砒素およびホウ素は半金属（メタロイド）と呼ばれ、金属と非金属の中間的な性質を示す。非金属のフッ素は酸化力の強いハロゲン元素であり、またシアンは炭素と窒素の化合物であるが、シアン化カリウム（青酸カリ）の例で知られるよ

表 3.3　土壌汚染に係る重金属等の土壌中での主な存在形態

| 物質 | 固相 | 液相 |
|---|---|---|
| カドミウム Cd | 土壌吸着、硫化物 CdS、炭酸塩 $CdCO_3$ | $Cd^{2+}$、Cd-錯体 |
| クロム Cr | 土壌吸着、水酸化物 $Cr(OH)_3$ | $CrO_4^{2-}$、$Cr_2O_7^{2-}$ |
| 水銀 Hg | 土壌吸着、硫化物 HgS | $Hg^{2+}$、Hg 錯体、$Hg^0$ |
| 鉛 Pb | 土壌吸着、金属鉛、炭酸鉛 $PbCO_3$、硫酸鉛 $PbSO_4$ | $Pb^{2+}$、Pb-錯体 |
| シアン CN | 金属 CN 錯体（不溶性塩） | 遊離 CN、CN 塩、FeCN-錯体 |
| セレン Se | 土壌吸着 | $SeO_4^{2-}$、$HSeO_3^-$ |
| 砒素 As | 土壌吸着、硫砒鉄鉱 | $H_2AsO_4^-$、$HAsO_4^{2-}$、$H_3AsO_3$ |
| フッ素 F | 土壌吸着 | $F^-$、F-錯体 |
| ホウ素 B | 土壌吸着 | $H_3BO_3$ |

［資料］　和田信一郎、地球環境、15/1（2010）の表 1 を改変・追記

注）　水銀は金属水銀やジメチル水銀およびシアンはシアン化水素が気化して、気相に存在することもある。

うに、強い毒性を有する。

重金属等の土壌中での存在形態を**表3・3**に整理した。これらの大部分は土壌コロイドに吸着されて、あるいは硫化物等の固形物として固相に存在しているが、一部は液相の孔隙水に溶存した状態でも存在する。ただし、水中のイオン種はpHにより変化するので、ここでは孔隙水のpHが四〜八程度の一般的な状態を想定している。また、水銀やシアンは、それぞれ金属水銀やメチル水銀およびシアン化水素が気化して、気相に存在することもある。

特定施設から漏出した重金属等は、前出の**図3・3**のように、土壌コロイドに吸着されて敷地の地表付近に留まり、高濃度汚染部位（ホットスポット）を形成し、六価クロムを除き、汚染が深部にまで拡

散することは少ない。ただし、降水の影響などにより、この一部が少しずつ溶け出し、地下水に達することもある。また、液相に存在する化学種は、**図3・3**のＶＯＣ（ベンゼンを除く）のケースと同様、不飽和帯から地下水に達し、深さ方向に移動・拡散して地下水深部の汚染を引き起こすものもある。とくに、六価クロム化合物（$CrO_4^{2-}$や$Cr_2O_7^{2-}$）等の陰イオン性物質は、負に帯電した土壌コロイドには吸着されず、不飽和帯を移動して地下水の汚染につながりやすい。

シアン化合物の大部分は土壌中の金属イオンと錯体を形成し、不溶性塩として土壌に留まることが多い。ただし、鉄シアノ錯体（$FeCN^-$錯体）は水溶性が高く、陰イオン性物質であるため、土壌中に十分な鉄イオン等の金属イオンがなければ不溶性塩を形成せず、土壌コロイドに吸着されないで液相に存在する。ここに、錯体とは一般に金属原子を中心に他のイオン等が結合（配位結合）した構造を持つ化合物である。

土壌中の粘土コロイドは、一般的に水中で負に帯電しているが、鉄やアルミニウムの酸化物や水酸化物のコロイドは、粒子表面が水酸基（-OH）で覆われており、水のpHによって正電荷を生じたり、負電荷を生じたりする。粒子表面の水酸基は、酸性域ではプロトン（$H^+$）を付加して$Al\text{-}OH_2^+$や$Fe\text{-}OH_2^+$となり、pHが上昇すれば$H^+$を解離して$Al\text{-}O^-$や$Fe\text{-}O^-$となる。その結果、これらのコロイドにはpHによって陽イオンまたは陰イオンが吸着する。しかし、この$H^+$の付加・解離反応は吸熱反応であるため、自然界ではエネルギー的に起こりにくく、帯電した表面水酸基の割合は全体の一〇％以下といわれている。

有害物質使用特定施設で使用される重金属等の主な用途と人の健康への影響を**表3・4**に整理した。これらの物質は、身近な生活用品や産業で幅広く使用されているが、強い毒性や発がん性を有するものが多く、実際に公害病の原因となったものもある。重金属では、カドミウムによるイタイイタイ病やメチル水銀による水俣病（いずれも四大公害病の一つ）のほか、六価クロムによる鼻中隔穿孔（日本化学工業小松川工場）や砒素による皮膚色素異常や皮膚がん（土呂久砒素公害）など、さまざまな健康被害を引き起こしている。鉛は蓄電池やガラスなどに使用されているが、変異原性や発がん性があり、人体への蓄積性も高い。なお、鉛はかつて自動車のノッキング防止のためガソリンに添加されていたが、一九七五年一般ガソリンへの添加は禁止された。

シアン化合物は電気めっきや農薬原料などに広く使用されている。シアン化合物には多くの形態があるが、一次的有毒物質はシアン化物イオン（$CN^-$）であり、水中での$CN^-$の解離（分離）特性がその化合物の毒性に関係する。水に溶けやすい遊離シアン（$CN^-$, HCN）とシアン塩（NaCN, KCNなど）は$CN^-$を解離するが、$FeCN^-$錯体は水に溶けてもフェロシアン$[Fe(CN)_6]^{4-}$やフェリシアン$[Fe(CN)_6]^{3-}$として存在し、$CN^-$はほとんど生成しない。ただし、土壌中のpH変化や微生物分解により$CN^-$が溶出することもある。$CN^-$が体内に入ると、細胞内の酵素と結合し、細胞呼吸を阻害する。その結果、中枢神経系や呼吸器系に障害が現れ、死に至ることもある。

セレンはコピー機の感光ドラム、太陽電池およびガラス着色剤などに利用されている。セレンは人にとって必須元素であるが、過剰摂取は健康を害する。金属セレン（単体）は毒性が少ないが、

**表 3.4　土壌汚染に係る重金属等の主な用途と健康影響**

| 物質 | 用途等 | 健康影響・特性 |
|---|---|---|
| カドミウムおよびその化合物 | ニッケル・カドミウム電池、メッキ、顔料等 | イタイイタイ病、骨軟化症、腎障害、発がん性 (1)、変異原性報告等 |
| 六価クロム化合物 | 顔料、電気メッキ、金属表面処理、酸化剤等 | 発がん性 (1)、鼻中隔穿孔、変異原性報告等 |
| 水銀およびその化合物 | 触媒、殺菌剤、金銀抽出、電極、血圧計等 | 水俣病 (メチル水銀)、中枢神経・腎障害、発がん性疑い (2B)、変異原性報告等、揮発性 |
| 鉛およびその化合物 | 蓄電池、はんだ、ガラス、プラスチック硬化剤、爆薬原料等 | 腎障害、発がん性 (2A)、変異原性報告等、人体蓄積性 |
| シアン化合物 | 農薬原料、電気メッキ、金製錬、顔料等 | 強い毒性、呼吸困難等 |
| セレンおよびその化合物 | 感光ドラム、太陽電池、顔料、半導体等 | 眼・呼吸器刺激、毒性、発がん性報告 (3) 等 |
| 砒素およびその化合物 | 着色剤、顔料、木材防腐剤、シロアリ駆除剤等 | 毒性 (呼吸障害、胃・腎障害等)、発がん性 (1) 等 |
| フッ素およびその化合物 | 代替フロン、ガラス・半導体表面処理、フッ素樹脂等 | 斑状歯、骨折リスク増大等 |
| ホウ素およびその化合物 | ガラス繊維、FRP、断熱・吸音材、防虫剤、半導体等 | 嘔吐、下痢、呼吸器・神経系毒性 (ジボラン $B_2H_6$) 等 |

注）国際がん研究機関 (IARC) による人に対する発がん性の分類グループ：1 は発がん性がある、2A はおそらくある、2B はあるかもしれない、3 は有無を分類できない

化合物は毒性が強い。粘膜に刺激を与え、胃腸障害や肺炎を起こし、全身けいれんから死に至ることがある。また、ラット実験において肝細胞がんの増加が報告されている。

砒素は毒性が強いため、防腐剤やシロアリ駆除剤などに使用されている。ただし、砒素化合物の毒性はその結合形によって異なる。通常、砒素は三価および五価の砒素化合物として存在し、いずれも毒性を持つが、三価の砒素の方が五価よりも毒性が強い。可溶性砒素化合物を摂取すると、急速に吸収され、肝臓、腎臓および消化器官に強い障害を起こす。

フッ素は代替フロンや樹脂の原料および表面処理剤として利用されている。フッ素を適量に含んだ水を飲用すると、虫歯予防に効果があるが、過剰に摂取すると、斑状歯の原因となる。斑状歯とは、歯のエナメル質形成不全により、歯の表面に斑状のシミや黄色または褐色の斑点ができる病気である。

ホウ素はガラス繊維（グラスウール、ＦＲＰ）や表面処理剤（ニッケルめっき浴中のホウ酸）などに利用されている。ホウ素を高濃度に摂取すると、嘔吐や下痢を引き起こし、また半導体製造に用いられるジボラン（$B_2H_6$）は呼吸器や神経系への毒性が認められる。なお、ホウ素やフッ素は地質（自然）由来もあり、とくに温泉地の地下水や河川水に含まれることが多い。

## ■農薬等による土壌汚染

第三種特定有害物質としての農薬等とは、農薬のシマジン、チオベンカルブ、チウラムおよび有

**表 3.5　土壌汚染に係る農薬等の主な用途と健康影響**

| 物質 | 用途等 | 健康影響・特性 |
|---|---|---|
| シマジン | 除草剤 | 体重増加抑制、血液学的変化等 |
| チオベンカルブ | 除草剤 | 腎・肝臓障害等 |
| チウラム | 殺菌・消毒剤、ネズミ忌避剤等 | 発疹、結膜炎、肝臓重量増加等 |
| 有機リン化合物 | 殺虫剤 | 神経系障害、呼吸機能不全、催奇性等 |
| ポリ塩化ビフェニル（PCB） | 絶縁体、熱媒体、可塑剤、感圧紙等 | 皮膚炎、肝障害、手足しびれ、発がん性、催奇性等 |

注）　有機リン化合物はパラチオン、メチルパラチオン、メチルジメトンおよびEPNの4物質を指す。

機リン化合物に、絶縁体等に使われたポリ塩化ビフェニル（PCB）を加えた五物質である。ここに、有機リン化合物（有機リン系農薬）とはパラチオン、メチルパラチオン、メチルジメトンおよびEPNの四物質である。EPN以外の有機リン化合物とPCBはすでに製造・使用が禁止されているが、過去に使用されたものが環境中に残っていたり、保管されていたりすることから、特定有害物質に指定されている。

農薬は、散布後、植物体酵素、細菌および日光（紫外線）によっていずれ分解されるが、一部は土壌に残留する。農薬は土壌に吸着されやすいので移動性は低いが、残留農薬が、降雨や水田でのかけ流しや落水による水管理等により、周辺の河川や土壌に流出する場合もある。**表3・5**に土壌汚染に係る農薬等の主な用途と健康影響を整理した。

シマジン（一般名はCAT）は畑作用除草剤であり、水稲畑苗代やジャガイモ畑、あるいはゴルフ場や公園の芝生などに散布されている。シマジンは比較的分解されにくく、残留性が高い。動物実験において、シマジンを投与すると、体重増加の抑制や血液学的変化が認められている。また、急性毒性は低いが、変異原性や発がん性の疑いもある。

チオベンカルブは水田のノビエなどの雑草の除草に効果がある。本剤は田植え直後の湛水した状態で散布されるため、田植時期には排水路を経由して周辺の河川水等から検出されることがある。人畜に対する急性毒性は低いが、ラットへの投与実験で体重増加の抑制や血中尿素窒素の増加（腎機能の指標）が認められている。

チウラムは殺菌剤であり、種子や茎葉の消毒あるいは土壌処理用として、農地やゴルフ場芝生で使用されている。人体への影響としては、咽頭痛、皮膚の発疹、結膜炎および腎障害などがある。また、イヌを使った投与実験で、肝臓重量の増加や赤血球数の減少が認められている。

有機リン化合物のうちパラチオン、メチルパラチオンおよびメチルジメトンは強力な殺虫剤であり、人体に対しても神経系障害、呼吸機能不全および意識喪失など強い毒性を有している。これらの薬剤は毒物および劇物取締法の毒物に指定されており、すでに農薬登録を失効している。一方、EPNも有機リン系殺虫剤であるが、一九五〇年代初頭から稲、麦および野菜などの作物に適用されている。EPNの殺虫活性はアセチルコリンエステラーゼ（神経系や筋肉に含まれる酵素）活性を阻害することにより発揮されるものであり、ラットへの投与実験でも同酵素活性の阻害が認められている。人体に対しては、軽症であれば頭痛やめまいおよび嘔吐などの症状であるが、重症になると縮瞳、意識混濁、全身けいれんおよび肺水腫などの症状がでる。

ＰＣＢは絶縁性や耐薬品性に優れており、かつて変圧器やコンデンサ等に広く使われていたが、毒性が非常に強く、カネミ油症事件をきっかけに一九七二年に製造・使用が禁止された。カネミ油症事件とは、食用の米ぬか油にＰＣＢが混入し、それを摂取した人々が皮膚障害を起こし、また脳や肝臓への付着により死亡する被害者が出た、という食品公害である。ＰＣＢは骨格となるビフェニルに塩素が一～一〇個結合したものの総称であり、それぞれに塩素の結合位置の異なる異性体があり、合計二〇九種類の異性体が存在する。そのうち一二種類の異性体はきわめて毒性が強く、これらはコプラナーＰＣＢ（Co-PCB）と呼ばれ、最強の毒性を持つダイオキシン類に分類されている。ここに、異性体とは分子式が同じ、つまり物質を構成する元素の種類と数が同じだが、構造が異なるため物理的・化学的性質の違う物質をいう。

## 自然的要因による土壌汚染

### ■自然界における有害物質の存在

土壌汚染が起こる原因には、人の活動で発生する排水や廃棄物等に含まれる有害物質による人為的な要因、地殻（地球の表層部）の土壌や岩石にもともと含まれる有害金属等による自然的な要因、の二種類がある。土壌汚染対策法では汚染土壌の搬出、運搬および処理に関する規制を定めており、健康被害の防止の観点からは、自然的要因による汚染を人為的要因による汚染と区別する理由がない。したがって、自然的要因による汚染土壌も法規制の対象としている。

自然的要因による有害物質とは、特定有害物質の重金属等のうちシアンを除くカドミウム、六価クロム、水銀、鉛、セレン、砒素、フッ素およびホウ素の八物質である。自然界におけるこれらの物質の地殻中含有量と存在形態を、**表3・6**に整理した。また、環境省による「自然的要因による含有量の上限値の目安」も加えてある。土壌中の特定有害物質が自然的要因によるものかどうかの判定方法として、環境省は特定有害物質の種類、含有量および分布特性の三つの観点から検討し、つぎに示す条件を満たすときは自然的要因によるものと判断するとしている。

条件①：特定有害物質の種類は**表3・6**の八物質のいずれかである。ただし、鉛、砒素、フッ素およびホウ素は自然的要因の可能性が高く、一方、土壌溶出量が基準の一〇倍を超える場合は人為的要因である可能性が高いことを考慮する。条件②：特定有害物質の含有量は**表3・6**の上限値の目安の範囲内にあることとする。なお、鉱脈・鉱床の分布地帯等の地質条件によっては超える場合があり得ることに留意する。条件③：特定有害物質の分布特性については、含有量の分布が当該特定有害物質の使用履歴のある場所等との関連性を示す局在性が認められないこととする。

**表3・6**に示したように、地殻の土壌・岩石に含まれる重金属等は、人為的要因による汚染と比べて、一般的に濃度が低い。しかし、火山活動や地殻変動の活発なわが国においては、金属鉱山地域や特定の地質帯で高い濃度で偏在することがある。

**表 3.6　自然界（地殻）における重金属等の含有量と存在形態・特徴**

| 重金属等 | 地殻中平均含有量（mg/kg） | 存在形態・特徴 | 上限値の目安（mg/kg） |
|---|---|---|---|
| カドミウム | 0.098 ～ 0.2 | 鉱物や土壌中に亜鉛・銀・銅等と共存、海成堆積物に高含有 | 1.4 |
| クロム | 65.2 ～ 185 | 主要含有鉱物はクロム鉄鉱、花崗岩等の火成岩に含有、超塩基性岩・蛇紋岩に高含有（最大 1 000 mg/kg） | – |
| 水銀 | 0.054 ～ 0.08 | 火山・金属鉱床の熱水脈に介在、岩石中では硫化物の辰砂（HgS）や自然水銀（Hg）として存在 | 1.4 |
| 鉛 | 8 ～ 23.1 | 火成岩・堆積岩に 10 ～ 20 mg/kg 含有、金属鉱床に銅・亜鉛・錫等と共存 | 140 |
| セレン | 0.05 | 砂岩・石灰岩・リン灰岩等に高含有（最大 100 mg/kg） | 2 |
| 砒素 | 1 ～ 9.32 | 硫砒鉄鉱（FeAsS）として広く存在、硫化物の酸化により亜砒酸（$H_3AsO_3$）や砒酸として水に溶解、亜砒酸（三価）は強毒性 | 39 |
| フッ素 | 625 | 蛍石（$CaF_2$）、氷晶石（$Na_3AlF_6$）、フッ素燐灰石（$Ca_5(PO_4)_3F$）として存在、海域の泥質岩に高含有 | 700 |
| ホウ素 | 10 | 海水に含まれ、海域の堆積物や海成泥岩に高含有 | 100 |

［資料］「建設工事における自然由来重金属等含有土砂への対応マニュアル（暫定版）」国土交通省（2010）より作成
右端の上限値は「自然的原因による含有量の上限値の目安」環水土第 20 号（別紙 1）、環境省（2003）

カドミウムは地殻中の含有量が比較的低い元素であるが、銅、亜鉛および錫などの金属鉱床に広く共存し、また海成堆積物（海底で形成された堆積物）に高い濃度で含まれることがある。クロムの主な含有鉱物はクロム鉄鉱（$FeCr_2O_4$）である。自然界におけるクロムは三価で存在するので、毒性の強い六価クロムによる汚染は人為的要因であることが多い。水銀は熱水性の鉱脈に存在することが多く、岩石中では硫化物の辰砂（$HgS$）や自然水銀（$Hg$）として存在する。熱水性の鉱脈とは、地下のマグマで熱せられた熱水が岩石の鉱物や元素を溶かしこみながら上昇し、温度や圧力の低下でその鉱物が結晶化して形成された鉱脈である。鉛は、カドミウムと同様、銅、亜鉛および錫などの金属鉱床に広く共存する。

セレンは硫化物や石炭に含まれており、硫化物の金属鉱山や炭鉱地帯に分布する。また、砂岩、石灰岩およびリン灰岩などの堆積岩で、上限値の目安より高い含有量を示すこともある。砒素は地殻中に広く分布し、銅・亜鉛・鉄などと一緒に存在することが多く、たとえば硫化物に随伴して硫砒鉄鉱として存在する。砒素は地殻中では三価で存在するが、表層では酸化されて五価の状態であることが多い。なお、亜砒酸など三価の砒素は五価より毒性が強い。

フッ素は他の有害物質と比べて地殻中含有量が高く、蛍石（$CaF_2$）や氷晶石（$Na_3AlF_6$）などの鉱物として存在する。フッ素は海水中に含まれる元素であり、海域で堆積した泥質岩にもよく含まれる。ホウ素は、フッ素と同様、海水中に含まれるため、海域の堆積物中に多く含まれ、海成泥岩では高い濃度で含まれることがある。日本列島を構成する地層は、海域堆積岩で形成されたものが多いので、一般的にフッ素やホウ素を比較的高濃度で含んでいる。

## ■大深度地下利用と土壌汚染

土地利用が高度化・複雑化している大都市地域においては、道路・鉄道や水道幹線・地下河川などの社会資本の整備事業を、地上や浅い地下（浅深度地下）において効率的に行うことが難しい状況にある。このため、土地所有者等による通常の利用が行われない大深度地下の利用が進められつつある。たとえば、東京外郭環状道路（関越・東名間）や中央（リニア）新幹線（東京・名古屋間）の整備事業により、大深度地下の利用が注目されるようになっている。

大深度地下の使用に当たっては、未経験のことが多く、安全の確保のみならず環境の保全にも適切に配慮する必要がある。大深度地下の使用の要件や手続等は、「大深度地下の公共的使用に関する特別措置法」に定められている。大深度地下とは、地表から四〇メートル以上の深さまたは建築物の基礎ぐいの支持地盤に一〇メートルを加えた深さのうち、いずれか深い方の地下を指すが、現実に利用可能な範囲は地下四〇〜一〇〇メートル程度の空間である。大深度地下の使用に関する環境保全上の課題は、地下水位・水圧の低下や地盤沈下のほか、掘削土の自然的要因による汚染の問題が発生するおそれがあることである。

前節の**表3・6**に示したように、地殻の土壌や岩石には各種の重金属等が含まれており、地下深部の掘削によりカドミウムやクロムなどを含む土壌が地上に運び出され、掘削土の堆積場等での環境汚染を引き起こすおそれがある。また、掘削土が酸素に触れると、重金属等が酸化反応を起こして、強毒性の物質に変化したり、地下水の強酸性化を伴ったりすることがある。たとえば、砒素は硫化物の硫砒鉄鉱（FeAsS）として地殻中に広く存在するが、砒素を含む硫化物の酸化により強毒性の亜砒酸（$H_3AsO_3$）や砒酸（$H_3AsO_4$）に変化し、また反応過程で生成される硫酸が水に溶解すると、土壌水や地下水の酸性化を起こす。酸性化により重金属等の溶出量が増加し、土壌や地下水の汚染の拡大を招くおそれもある。硫化物の酸化反応には鉄酸化細菌や硫黄酸化細菌が深く関与している。これらの現象は鉱山排水でもみられることがあり、対策を講じる上で参考になる。

ところで、大深度地下の土壌にはメタンガスや硫化水素が溜まっていることがあり、土壌の掘削により、爆発性のメタンガスや猛毒の硫化水素が漏出するときわめて危険である。これらのガスは、地下深部は酸素のない嫌気的環境であり、嫌気性のメタン生成細菌によりメタンガスおよび硫酸塩還元細菌により硫化水素が生成されて、長い時間をかけて土壌中に溜ったものである。

# 第四章 放射性物質による土壌汚染のしくみと健康影響

放射性物質による環境汚染は、原子力発電所の運転に伴い発生する放射性廃棄物によるもの、東日本大震災時の福島第一原子力発電所の爆発のように原発事故によるもの、あるいは核兵器の開発・実験や実際の使用によるものが考えられる。不幸にして、わが国は原発事故による環境汚染のみならず、かつて核兵器（核爆弾）による深刻な健康被害と環境汚染をも経験した。原発でも核兵器でも、放出された放射性物質が環境に与える影響は基本的には同じであるが、核兵器は本書の範囲外であり、ここでは原発に起因する土壌汚染を取り上げる。

本章では、まず放射性物質の放射能とその健康影響に関する基本的な情報を整理し、つぎに原子力発電所の運転に伴い発生する放射性廃棄物の処分問題について説明する。さらに、東京電力福島第一原子力発電所の爆発事故で放出された放射性物質による土壌汚染を取り上げる。

## 放射性物質と放射能

放射性物質の放射性とは一体どのような性質であろうか。これを知るには原子の構造から理解しなければならない。放射性は物質を構成する原子の構造、とくに原子核と深いかかわりがある。**図4・1**に示すように、原子は原子核とその周りを回っている電子からなり、原子核は陽子と中性子からなる。原子の化学的性質は原子核中の陽子の数でほぼ決まり、陽子の数が元素の周期表の水素（原子番号1）から始まる原子番号になっている。

原子は、陽子の数が同じでも、中性子の数が異なるものがあり、これを同位体（アイソトープ）という。たとえば炭素（元素記号C）は陽子が六個と中性子が六個のもの（C–12）が自然界（天然）で最も多いが、中性子が七個や八個の同位体（C–13、C–14）も存在する。元素記号に付けた数値は陽子数と中性子数の合計であり、その原子の質量数である。同位体は化学的性質がほぼ同じであるが、質量数が違う。なお、原子核の陽子と中性子の数で原子を分類した原子の種類を核種という。たとえば、同じ炭素でもC–12とC–14は異なる核種である。

原子核は、陽子と中性子の数が同じくらいであれば、エネルギー的に安定しているが、そこから外れるほどバランスが崩れて不安定になる。たとえば、炭素の天然同位体のうちC–12とC–13は原子核が安定しているのに対して、C–14は不安定な原子核を持つ同位体である。また、同位体は原子炉や加速器を利用して、陽子や中性子などを原子核に当てて人工的に作り出すこともできる。

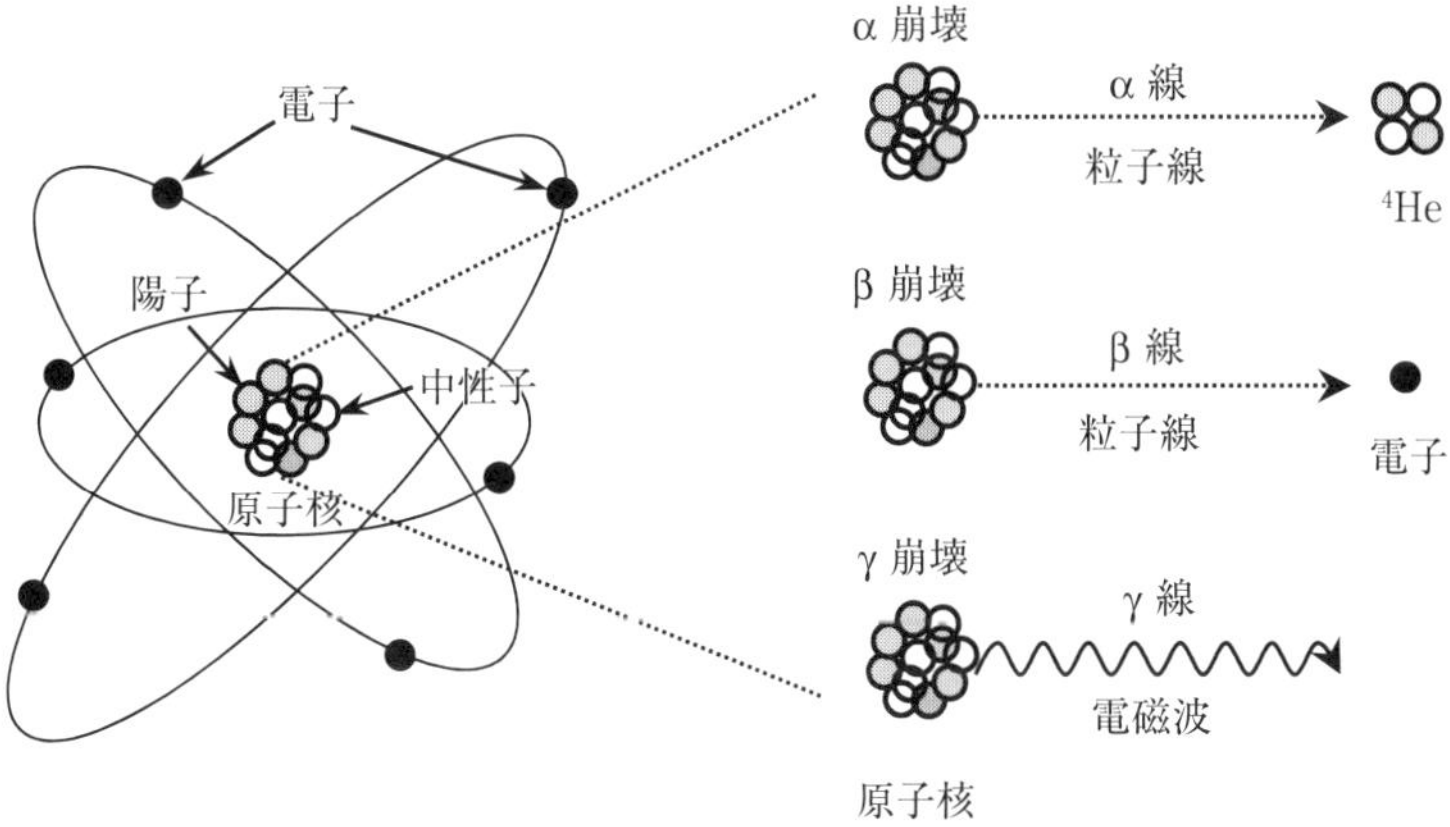


**図 4.1　原子と原子核崩壊による放射線放出の概念**

炭素の場合、天然同位体を含めて C−8 から C−22 まで、一五種類の核種が知られている。なお、人工同位体の原子核は非常に不安定である。

つぎに放射性について説明しよう。放射性物質の放射性は、化学物質の化学的性質とは異なり、不安定な原子核の物理反応に起因するものである。不安定な原子核は余分なエネルギーを持った状態であり、時間とともに自発的に陽子と中性子の数が変化（これを核崩壊という）し、安定化しようとする。この原子核の崩壊には α 崩壊、β 崩壊および γ 崩壊があり、それぞれ崩壊時に α 線、β 線および γ 線という放射線を出して余分なエネルギーを放出する（**図 4・1**）。このように原子核の崩壊時に放射線を出す物質（核種）が放射性物質（放射性核種）であり、その放射線を出す能力を放射能という。前出の C−14 は β 線を出す放射性核種である。放射性同位元素の使用室等で、黄色地に扇風機のような赤い三枚羽根の標

図4.2　放射線標識

識（**図4・2**）を見たことがあるだろうか。あの三枚羽根は放射線の$\alpha$線、$\beta$線および$\gamma$線を表している。

放射線は粒子線と電磁波に分けられ、それぞれ核崩壊のしくみが異なる。$\alpha$崩壊はヘリウム原子核および$\beta$崩壊は電子が飛び出し、そのとき放出される$\alpha$線や$\beta$線は粒子線である。一方、$\gamma$崩壊で放出される$\gamma$線は光と同じ電磁波である。ここに、粒子線を放出する崩壊では原子の種類が変わり、電磁波を放出する崩壊では原子の種類は変わらない。たとえばセシウム137（Cs-137）は、$\beta$線を放出してバリウム-137m（Ba-137m）となり、CsからBaに変化する。さらに、Ba-137mは$\gamma$線を放出してBa-137になるが、この時原了の種類は変わらない。

ところで、レントゲン撮影で使われるX線も電磁波であるが、核崩壊とは異なり、原子核の外側で電子が持つエネルギーの一部を開放する時に放出される放射線である。また、ウランのような重たい原子の原子核に中性子をぶつけると、原子核が壊れて二つ以上の異なる原子核になり（これを核分裂という）、その際熱が発生し中性子線が放出される。中性子線は粒子線である。この核分裂反応を利用したものが原子力発電であり、核兵器であれば核爆弾である。核分裂は人工的に原子核に放射線をぶつけて核を分裂させるもので、自発的に起こる核崩壊とは異なる。

放射線のもつエネルギーはその種類によって違う。放射線のエネルギーの大きさは一般的にその放射線を遮断するために必要な障害物の種類や厚さで示されることが多い。たとえば、$\alpha$線を遮断するには紙一枚、$\beta$線は厚さ数ミリメートルのアルミ板で可能だが、$\gamma$線やX線には鉛や厚い鉄板、さらに中性子線にはコンクリートや水の厚い壁が必要となる。

つぎに放射能の強さについて説明しよう。放射能の強さは一秒間に崩壊する原子核の数で表され、ベクレル（Bq）という単位を使う。ある放射性物質の放射能が一〇〇ベクレルであれば、一秒間に百個の原子核が崩壊することになる。放射能の強さは放射線の種類やエネルギーの大きさには関係しないので、仮にベクレル数が同じであっても、放射性物質（放射線）の種類が違うと線量は異なる。つまり放射能の強さから被ばくによる人体への影響の程度を直接知ることはできない。

放射線の人体への影響はどうやって評価するのだろうか。それはシーベルトで表される実効線量を使う。実効線量とは、人体が放射線から吸収したエネルギー（吸収線量）を基に、放射線の種類と臓器への影響の程度を補正して求める。具体的には、吸収線量は放射線が当たる物質（たとえば人体）の一キログラム当たり一ジュール（J）のエネルギー吸収（1J/Kg）を単位（グレイ：Gy）として表す。ちなみに、一ジュールは一般に約一〇二グラムの物体を一メートル持ち上げる時の仕事に相当するエネルギーである。

実効線量は、この吸収線量に放射線の種類ごとの係数（**表4・1(a)**の放射線荷重係数）と人体の組織ごとの係数（**表4・1(b)**の組織荷重係数）を掛けた線量（シーベルト：Sv）を求め、放射線と人体組織ごとの線量を合計して求める。

実効線量（Sv）＝｛吸収線量（Gy）×放射線荷重係数×組織荷重係数｝

**表 4.1　実効線量の計算に用いる荷重係数**

(a)　放射線荷重係数

| 放射線の種類 | 荷重係数 |
|---|---|
| $\alpha$ 線 | 20 |
| $\beta$ 線 | 1 |
| $\gamma$ 線、X 線 | 1 |
| 中性子線 | 2.5 ～ 20* |

注）　*エネルギーの連続関数で設定する

(b)　組織荷重経緯数

| 組織・臓器 | 荷重係数 | 組織・臓器 | 荷重係数 |
|---|---|---|---|
| 乳房 | 0.12 | 食道 | 0.04 |
| 赤色骨髄 | 0.12 | 甲状腺 | 0.04 |
| 結腸 | 0.12 | 唾液腺 | 0.01 |
| 肺 | 0.12 | 皮膚 | 0.01 |
| 胃 | 0.12 | 骨表面 | 0.01 |
| 生殖腺 | 0.08 | 脳 | 0.01 |
| 膀胱 | 0.04 | 残りの組織・臓器 | 0.12 |
| 肝臓 | 0.04 | | |

ここに、前出のベクレルは放射線を出す側の単位であり、グレイやシーベルトは放射線を受ける側の単位である。

放射線の人体への影響は、それを体外から浴びるか、体内で浴びるかによっても異なる。体外から放射線を浴びることを外部被ばくといい、放射性物質を含んだ食品の摂取やほこり等の吸引による体内からの被ばくを内部被ばくという。言うまでもなく、内部被ばくは外部被ばくより桁違いに人体への影響度が大きい。

ところで、放射性物質の原子核が崩壊するにつれて、放射能の強さあるいは放射性物質の量は減少していく。放射能の強さが半分に減るのに要する時間を半減期といい、その減少と半減期との関係は**図4・3**のように表される。たとえば、セシウムCs-137の半減期は三〇年であり、放射能

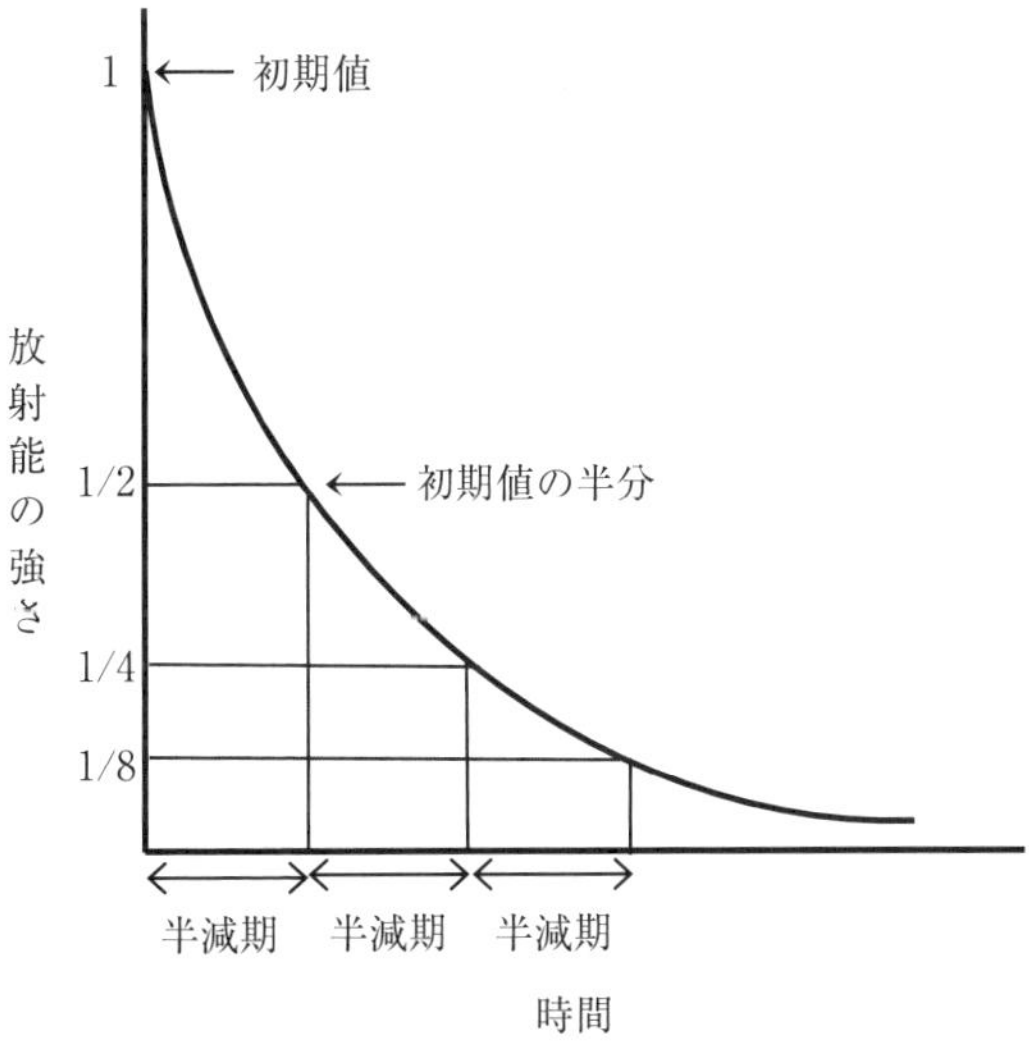


**図 4.3　放射能の強さの半減期**

**表 4.2　放射性物質（核種）の放射線と半減期**

| 放射性物質（核種） | 放射線 | 半減期 |
|---|---|---|
| ヨウ素 131　$^{131}$I | $\beta$、$\gamma$ | 8 日 |
| セシウム 134　$^{134}$Cs | $\beta$、$\gamma$ | 2.1 年 |
| コバルト 60　$^{60}$Co | $\beta$、$\gamma$ | 5.3 年 |
| ストロンチウム 90　$^{90}$Sr | $\beta$ | 28.7 年 |
| セシウム 137　$^{137}$Cs | $\beta$、$\gamma$ | 30 年 |
| ラジウム 226　$^{226}$Ra | $\alpha$、$\gamma$ | 1600 年 |
| 炭素 14　$^{14}$C | $\beta$ | 5730 年 |
| プルトニウム 239　$^{239}$Pu | $\alpha$、$\gamma$ | 2.4 万年 |
| ウラン 238　$^{238}$U | $\alpha$、$\beta$、$\gamma$ | 45 億年 |

の強さは三〇年後に初期値の半分になるが、六〇年後にゼロになるのではなく、四分の一になり、九〇年後は八分の一になるものである。

放射性物質（核種）の半減期はその種類によって異なり、**表4・2**に示すように数日から数年、さらに数千年・数万年から数億年まである。地球の年齢は約四六億年といわれているので、たとえば半減期が四五億年のウラン238は、地球が生まれた時に存在した量が現在ようやく約半分になったところである。このことは放射性物質により環境がいったん汚染されると、その影響は途方もなく長期間続くおそれがあることを意味している。

## 放射線による健康影響

放射線の被ばくは非日常的な出来事のように感じるかもしれないが、実は私達は常に自然の放射線を浴びている。この自然線量は世界平均で一人当たり年間二・四ミリシーベルト（mSv/年）である。**表4・3**に示すように、その内訳は宇宙から〇・三九（mSv）、大地から〇・四八（mSv）、空気中ラドン等から一・二六（mSv）および食品から〇・二九（mSv）となっている。ただし、これらの自然線量は一度に浴びる量ではなく、一年間の総量であり、健康への影響はほとんどない。

このほか、医療でのレントゲン撮影やＣＴスキャンにより体の一部がＸ線照射を受けることもある。一回の検査当たりの線量は胸部Ｘ線で〇・〇六（mSv）および胸部ＣＴスキャンで二・四〜一二・

**表 4.3　日常生活における自然線量と医療線量**

| 平均被ばく量（mSv） | | | 被ばくの内訳（mSv） | |
|---|---|---|---|---|
| 世界平均 | 自然線量 | 2.4 / 年 | 宇宙 | 0.39/ 年 |
| | | | 大地 | 0.48/ 年 |
| | | | 空気中ラドン等 | 1.26/ 年 |
| | | | 食品 | 0.29/ 年 |
| 日本平均 | 自然線量 | 2.1 / 年 | 宇宙 | 0.3 / 年 |
| | | | 大地 | 0.33/ 年 |
| | | | 空気中ラドン等 | 0.48/ 年 |
| | | | 食品 | 0.99/ 年 |
| | 医療線量 | 3.87/ 年 | 胸部 X 線 | 0.06/ 回 |
| | | | 胸部 CT スキャン | 2.4 ～ 12.9/ 回 |

［資料］　国連科学委員会（UNSCEAR）2008 年報告、原子力安全協会「生活環境放射線」2011 年

九（mSv）程度である。

わが国の国民一人当たりの平均年間被ばく線量は五・九七（mSv／年）であり、このうち自然線量が三五％で二・一（mSv）、医療被ばくが六五％で三・八七（mSv）となっている。わが国の自然線量の特徴は、世界平均に対して空気中ラドンは五分の二程度と少ないが、食品は約三・四倍の高い値になっていることである。医療被ばくは国情によって相当異なると考えられるが、世界平均は〇・六（mSv／年）とされている。わが国はその六倍以上となっているが、これはCTスキャン検査が広く普及しているためといわれている。

生活する上で自然線量と医療被ばくは避けられないが、放射線による人体への影響はどのように評価すればよいのであろうか。国際放射線防護委員会（ICRP、一九九〇年）は、自然線量と医療線量を除外した線量限度として、一般公衆に対

して一（mSv／年）、放射線作業者に対して五年間の平均値で二〇（mSv／年）（前提として一年間に五〇（mSv）を超えないこと）を勧告している。

わが国に放射性物質に係る環境基準はないが、福島第一原子力発電所の事故を受けて、現在環境基準の設定が検討されつつある。今のところ、放射性物質による人の健康影響に対しては、ＩＣＲＰ線量限度の一（mSv／年）（自然線量と医療線量を除く）を準用している。また、食品中の放射性物質の基準（厚労省令・告示）は、線量限度一（mSv／年）を超えないように、放射性セシウム等の放射能の強さが飲料水一〇（Bq/kg）、牛乳五〇（Bq/kg）、一般食品一〇〇（Bq/kg）および乳児用食品五〇(Bq/kg)以下としている。ここに、放射性セシウム等とはCs-134とCs-137のほか、ストロンチウム90、プルトニウムおよびルテニウム106を指す。

ところで、放射線による人体への健康影響は、**図4・4**に示すように、確定的影響と確率的影響の二つに分けて考えられている。確定的影響は一定以上の線量を被ばくしない限り発生しないもので、脱毛、白内障および皮膚障害等が該当する。ここに、一定以上の線量とは、同じ線量を多数の人が被ばくしたとき全体の一％の人に症状が現れる線量であり、この線量を「しきい値」としている。一方、確率的影響は低い線量でも発生の可能性がゼロではないとするもので、がん、白血病および遺伝性影響等が挙げられる。確率的影響にはしきい値がないとされる。

確率的影響のがん発生のリスクについて、広島・長崎の原爆被ばく者に対する疫学調査によると、被ばく線量が一〇〇（mSv）を超えるあたりから線量とともに発がんリスクが増加している。ＩＣ

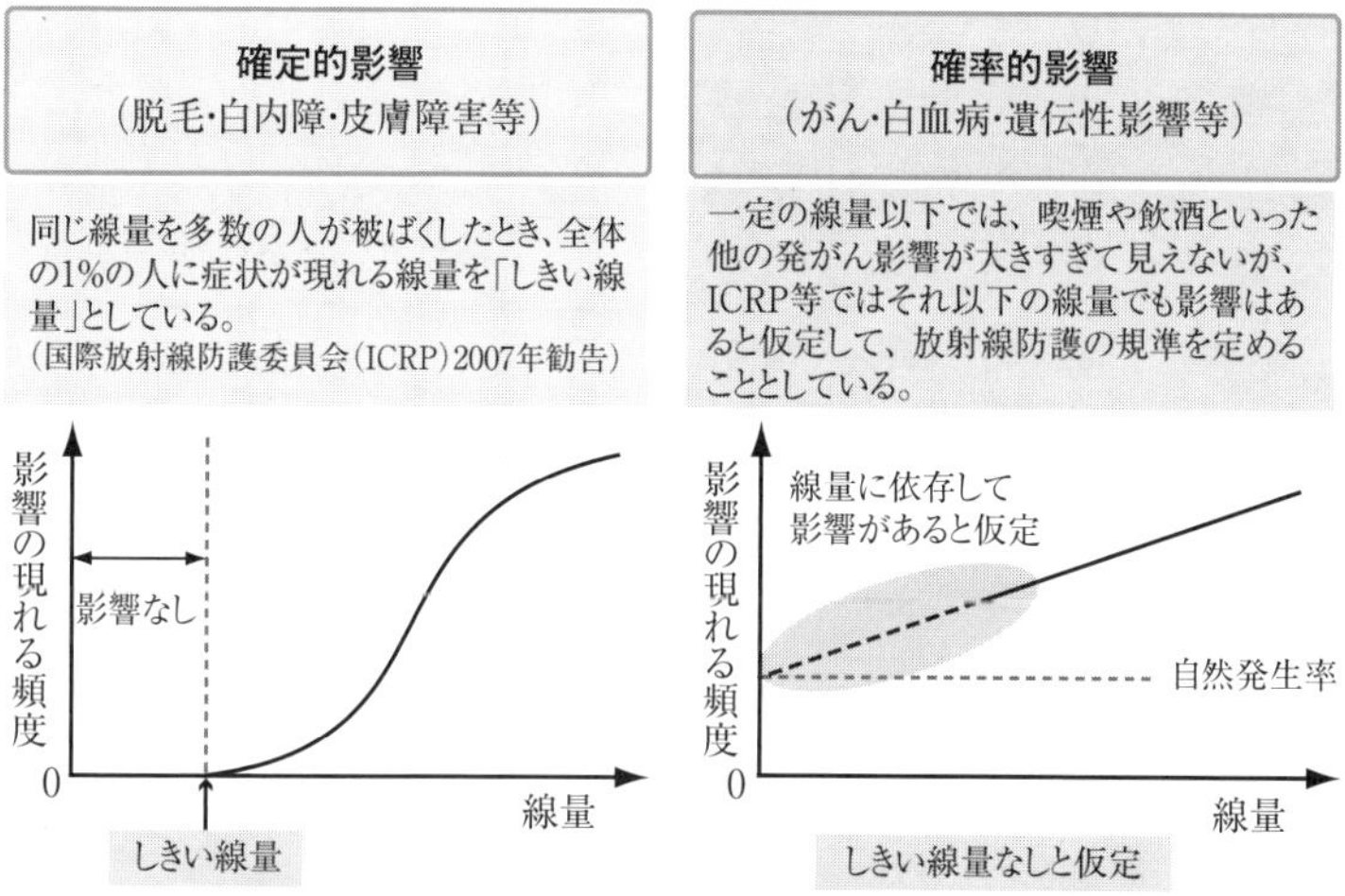


**図 4.4　放射線による人体への確定的影響と確率的影響**

［資料］　環境省：放射線による健康影響等に関する統一的な基礎資料、第 3 章、平成 28 年度版

RPの推計では、一〇〇（mSv）の被ばくにより、生涯のがん死亡リスクが〇・五％増加するとされている。これより少ない被ばく線量では、他の要因の影響もあるので発がんリスクの明らかな増加を証明することは難しいが、ICRPは低線量域でも線量に依存して影響があると仮定して、前出の放射線防護の基準を定めている。

## 放射性廃棄物の処分問題

原子力発電所では運転（発電）や保守に伴い放射性廃棄物が発生する。その廃棄物は、放射能の強さにより高レベル放射性廃棄物と低レベル放射性廃棄物に区分されている。高レベル放射性廃棄物は、使用済燃料そのもの（再処理しない分）、使用済燃料からウラン・プルトニウムを分離・回収する再処理施設からの廃液である。それ以外の消耗品、廃水および廃器材等が低レベル放射性廃棄物であるが、これには放射能レベルに幅があり、比較的高いものも含まれることがある。

なお、放射能が核種ごとに決められたクリアランスレベル以下の廃棄物は、放射性廃棄物とはみなされず、産業廃棄物として扱われる。たとえば、放射性セシウムのクリアランスレベルは合計一〇〇（Bq/kg）である、クリアランスレベルとは、原子力施設の運転保守や解体撤去に伴って発生する固体廃棄物のうち、放射性物質の放射能濃度がきわめて低く人の健康への影響が無視できるため、放射性物質として扱う必要のない物を区分する放射能レベルをいう。このレベルは、人体への影響が年間線量〇・〇一（mSv）以下となるように定めており、国際原子力機関（IAEA）等が人の健康への影響を無視することができると認める水準である。

放射性廃棄物の処分は、基本的には廃棄物を密封容器に入れて（遮へい）、地中処分（隔離）することであり、技術的にその放射性を止めることはできない。この点が放射性廃棄物と通常の有害物質との重要な相違点である。つまり、有害物質は物理化学的または生物学的な処理により分解や無毒化が可能であるのに対して、放射性廃棄物の放射性は止められないので遮へいや隔離で対応するしかない。

高レベル放射性廃棄物は、使用済燃料または使用済燃料の再処理廃液をステンレス容器に入れて、ガラス固化し（ガラス固化体という）、さらにガラス固化体を収納管に入れて三〇～五〇年程冷却のために貯蔵した後、地下三〇〇メートル以深の地層（岩盤）中に処分する。これを地層処分という。一方、低レベル放射性廃棄物は、専用のドラム缶に入れ、放射能レベルに応じて浅地中トレンチ（素掘り）処分、浅地中コンクリートピット処分および地下五〇～一〇〇メートルの余裕深度処分という方法で埋設処分する。ただし、低レベル放射性廃棄物でも、比較的放射能レベルの高いものは前出の地層処分をする場合もある。

放射性物質の中には半減期がきわめて長いものも存在する。放射能は半減期を経過すると元の半分になるが、残った放射能がさらに半分（元の四分の一）になるには同じ時間がかかり、安定同位体に落ち着くまでには長い期間を要する。高レベル放射性廃棄物の大部分の放射性物質は数百年の間にかなり減少するが、燃料のウラン鉱石と同程度の放射能にまで減少するには一万年程度はかかる。その間、最終処分地は安全に管理され、人の生活環境から隔離されなければならない。低レベル放射性廃棄物でも比較的放射能の高い廃棄物については、放射能の減衰に応じた管理が必要であり、数百年にわたる処分地の管理が求められることもある。

わが国の原子力発電所から発生する放射性廃棄物は、一部の低レベル放射性廃棄物は最終処分されているが、大半は最終処分待ちの状態で各地に保管されている。地層処分はもとより、低レベル放射性廃棄物の最終処分でも、その処分地を確保するのはきわめて困難な状況にある。主な原子力発電所から発生する放射性廃棄物の保管量は、二〇〇九年度末（東日本大震災による原発事故前）で、高レベル放射性廃棄物のガラス固化体（約四〇〇 kg/本）が約一六九〇本、低レベル放射性廃棄物のドラム缶（二〇〇リットル容）が約一一八万本である。

このように、原子力エネルギーの利用には大量の放射性廃棄物の発生が伴うことをけっして見逃してはならない。地震の多いわが国において、射性廃棄物の保管地での放射性物質による環境汚染が懸念されてならない。

## 東京電力福島第一原子力発電所事故による汚染

原子力発電所の深刻な爆発事故は、これまで世界中で三件発生している。一九七九年に米国ペンシルバニア州のスリーマイル島原子力発電所、一九八六年に旧ソ連・ウクライナのチェルノブイリ原子力発電所、そして二〇一一年にわが国の東京電力福島第一原子力発電所で爆発事故が起きた。国際原子力事象評価尺度（ＩＮＥＳ）によれば、スリーマイル島原発事故はレベル五（事業所外へリスクを伴う事故）、チェルノブイリ原発事故は最大級のレベル七（深刻な事故）であり、福島原発事故はチェルノブイリと同じレベル七と判断されている。

チェルノブイリ原発事故から三〇年以上が経過し、スリーマイル島の事故を含めて、原発事故による放射性物質汚染には深刻かつ長期的な健康被害と環境破壊のリスクがあることが明らかになった。福島原発事故についても長期的な監視が必要であることはいうまでもない。ここでは福島原発事故による土壌の放射性物質汚染について整理する。

東日本大震災（二〇一一年三月一一日発生）の津波による東京電力福島第一原子力発電所の事故は、津波による非常用発電機の停止等が重なって長時間の全電源喪失に至り、四基の原発で核燃料を冷やす機能が失われた結果、一号機・三号機での水素爆発による原子炉建屋の破壊、二号機での格納容器の部分破壊、四号機の使用済み燃料プールでの水素爆発によると思われる建屋破壊が起こり、大気中に大量の放射性物質を放出するという深刻なものであった。放出された放射性物質は主にヨウ素のI-131およびセシウムのCs-134とCs-137であった。

これらの放射性物質は風にのって広い地域に移動・拡散し、やがて地表に降下した。放射性物質の広がり方は風向きによって一様ではなく、また雨が降った地域ではより多くの物質が降下した。降下した放射性物質は土壌、草木、建物および道路等の表面に付着し、一部は雨に流されて雨樋や側溝に集まったりした。土壌に付着（吸着）した放射性物質は、長期間にわたって土壌表層（表土）に留まり、地表付近の空間線量率を高くする。実際、放射性物質が拡散した地域の水田と高地を調査した結果、土壌中の放射性セシウム濃度と地表の空間線量率には高い相関があることが確認された。

原発事故発生から約九か月後、**図4・5**に示すように、地上一メートル高さの空間線量率が一九マイクロシーベルト（μSv/h）を超える地域が、帯状に原子力発電所の北西方向二五キロメートル付近まで、つまり大熊町・双葉町から浪江町および飯館村まで続いた。この線量は年間積算で一六六（mSv/年）に相当する。空間線量率の高いこれらの地域は、土壌中の放射性物質濃度も高

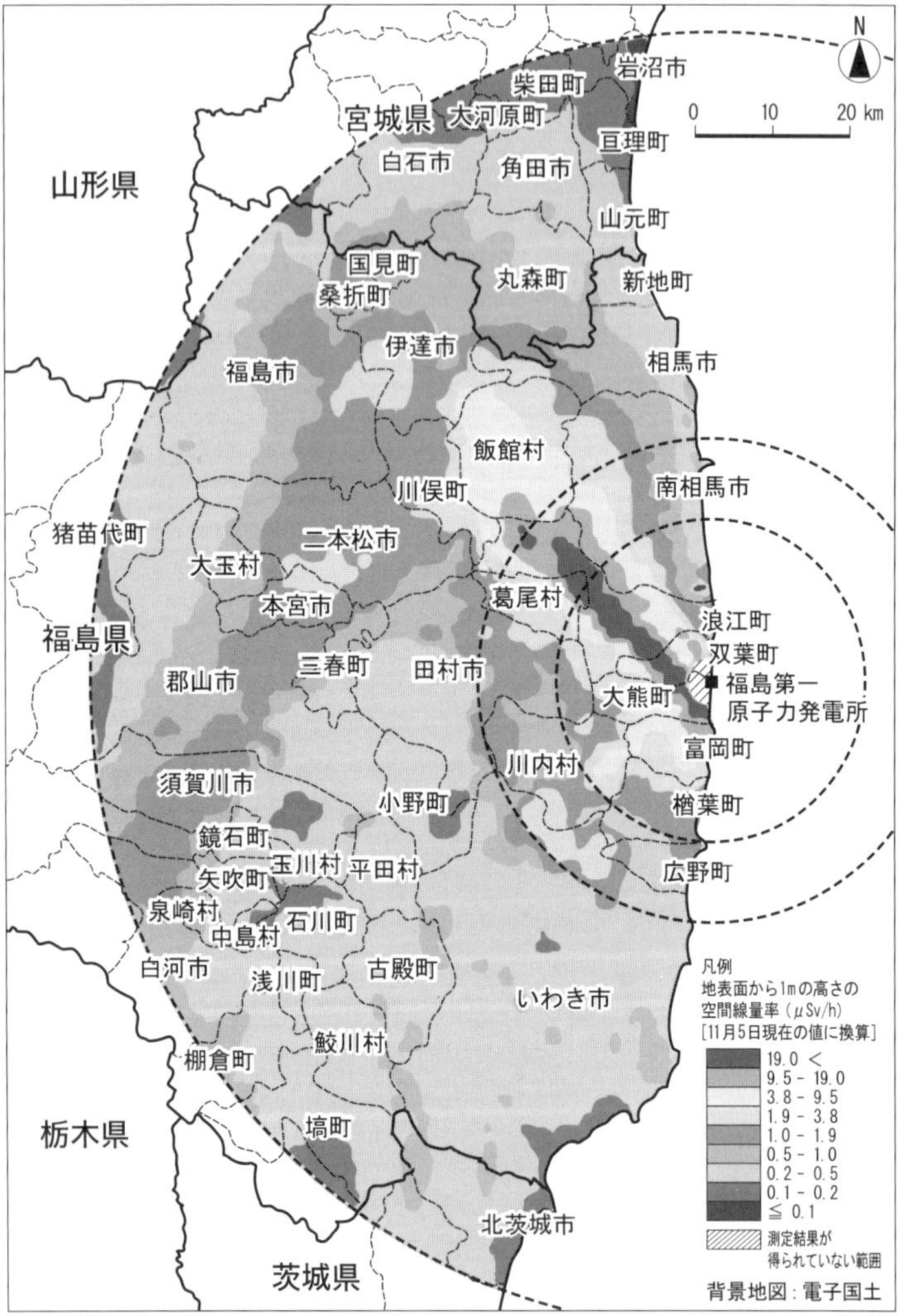


**図 4.5　放射性物質の地表面 1m 高の空間線量率**

［出典］　平成 24 年版 環境白書（2011.12.16）

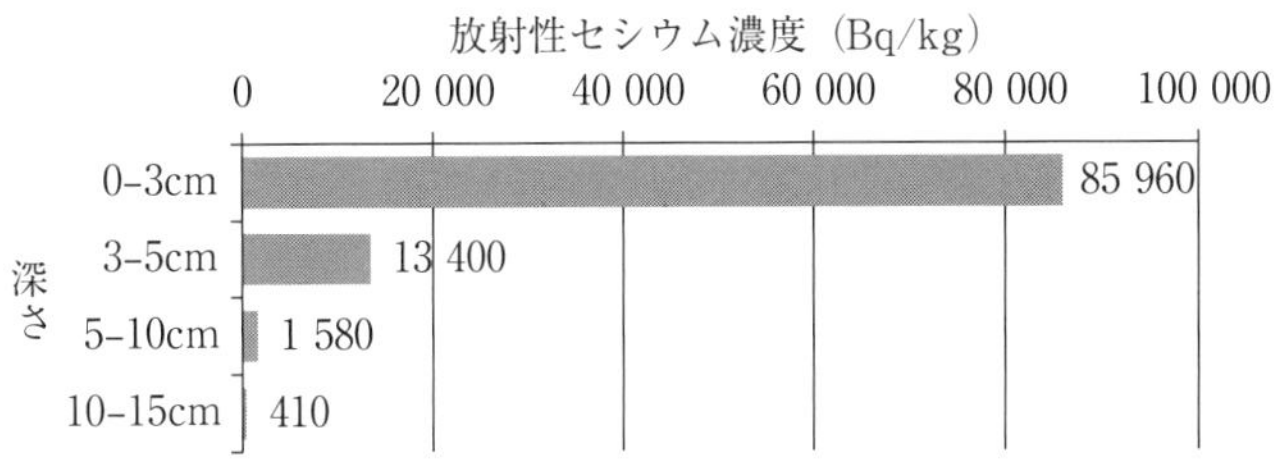


**図 4.6　放射性セシウムの農地土壌中分布：福島県飯館村長泥地区**
［出典］ 農林水産省：農地除染対策の技術書（2013）

いことを意味している。国際放射線防護委員会（ＩＣＲＰ）は放射線の年間線量限度として一般公衆に対して一（mSv/年）、放射線作業者に対して五年間の平均値で二〇（mSv/年）を勧告している。この線量限度に比べると、福島原発事故による放射線の年間積算線量はかなり高い。結局、原発から二〇キロメートル圏内の居住者は避難・立ち退きを余儀なくされた。

ところで、地表に降下した放射性物質は土壌表層部に留まり、土壌深くにはあまり移動しない。耕起していない農地土壌での調査によると、地表面から三センチメートルの深さに放射性セシウム（Cs-134とCs-137の合計）の大半が存在していた。農水省の調査によれば、**図4・6**に示すように、飯館村で最も汚染レベルが高く、帰還困難区域である長泥地区では、地表面から三センチメートルの深さで放射性セシウムが約八万六〇〇〇（Bq/kg）であった。長泥地区以外の汚染地区も含めて、土壌中の放射性セシウムは九〇%程度が地表三センチメートル中に存在していた。このことは汚染土壌の表層土を掘削除去することでかなり除染が可能であることを示唆している。また、放射性セシウムは農地土壌中の粘土粒子やシルトと強く結合し、容易に水などに溶出しないことが分かった。

農地の汚染は当然農作物の汚染につながる。政府は福島原発の半径三〇キロメートル圏内および土壌中の放射性セシウム濃度が五〇〇〇（Bq/kg）を越える水田で、稲の作付けを禁止した。しかし、実際に作付けされた水田からは、放射性セシウム濃度の暫定規制値を超える玄米が検出された。また、その他の農作物でも暫定規制値を超え、岩手県北部から静岡県に至る広い範囲で、果実や山菜などの多くの農産物に影響が及んだ。

一方、福島県を中心とする水域において、放射性物質は水質からは不検出が多かったが、底質からは放射性セシウムが二〇〇〇（Bq/kg）程度以下で広範囲に検出され、原発二〇キロメートル圏内では一〇万（Bq/kg）を超える高い値が検出される地点もあった。

土壌や水域底質の汚染を引き起こした放射性物質の半減期は、ヨウ素I-131が約八日であるが、セシウムCs-134は約二・一年およびCs-137は約三〇年と長い。福島原発事故でも、半減期の長い放射性セシウムは一年以上経っても広範囲に残っており、とくにCs-137は追加的被爆の原因となっていることが分かった。

ところで、原子力発電所の事故により放出された放射性物質（事故由来放射性物質）による環境汚染が生じていることから、放射性物質汚染対処特措法に基づく環境省令（二〇一二年）で事故由来放射性物質を含む廃棄物等の処理基準が定められた。この処理基準は事故由来放射性物質（Cs-134とCs-137）の放射能濃度が八〇〇〇（Bq/kg）超で環境大臣が指定する廃棄物（指定廃棄物という）と対象地域内廃棄物（福島県内の汚染廃棄物対策地域内にある廃棄物）を対象とし、収集、保管、中間処理および埋立て処分に関する基準を定めている。また、指定廃棄物等の仮置き場や処理施設等の周辺および排水・地下水等のモニタリングの措置も決めている。なお、放射能濃度が八〇〇〇（Bq/kg）以下の廃棄物については、原子力基本法に基づく通常の処理方法で処理することになっている

放射性物質による被ばく線量を低減する方法には、放射性物質を「取り除く（除去）」、「遮る《さえぎ》（遮へい）」、「遠ざける（隔離）」の三つがあり、除染はこれらの方法を組み合わせて行う。具体的には、除去は放射性物質が付着した表土の削り取り、枝葉や落ち葉の除去、建物表面の洗浄等である。遮へいは放射性物質を土やコンクリートなどで覆うことで、放射線を遮る。汚染された表土と下層の土（汚染されていない土）の入れ替えは土による遮へいである。隔離は、放射線の強さは放射性物質から離れるほど弱くなるので、放射性物質をなるべく人から遠ざけることである。除去された土壌や廃棄物は、大量の場合は一時的に中間貯蔵施設に保管するが、中間貯蔵施設に搬入されるまで、一時的な保管場所（仮置場または現場保管）にて保管される。最終的には放射線を遮へいした処分場で埋立て処分することになる。可燃物を焼却する場合は、バグフィルター等の排ガス処理装置をもつ焼却施設で処理する必要がある。

福島県内の除去土壌等の発生量は、可燃物焼却による減容化後で一六〇〇万〜二二〇〇万立方メートルと推計され（二〇一三年七月時点の除染実施計画等に基づく推計値）、その容量は東京ドー

ムの約一三～一八倍に相当する。環境省は二〇二〇年度までに五〇〇万～一二五〇万立方メートル程度の除去土壌等を中間貯蔵施設に搬入できる見通しとしているが、中間貯蔵施設の候補地を確保するのは容易ではなく、実際には二〇一七年時点で七〇万立方メートル程度の搬入に留まっている。つまり、ほとんどの除去土壌等は仮置場での保管または現場保管となっているのが実情である。

# 第五章 土壌汚染対策の法制度

わが国の土壌汚染対策は三つの視点から図られている。具体的には、新たな土壌汚染の発生を未然に防止すること（汚染の未然防止）、発生した汚染に対して土壌汚染の状況を適時適切に把握すること（汚染状況の把握）、土壌汚染による人の健康被害を防止すること（汚染による健康被害の防止）である。

汚染の未然防止に対しては、「環境基本法」に基づき環境省令（環境庁告示）により土壌環境基準が定められ、さらに「水質汚濁防止法」により有害物質を含む汚水等の地下浸透の実質的な禁止、「廃棄物の処理及び清掃に関する法律」により有害物質を含む廃棄物の適正処分などが定められている。残る二つの対策、すなわち汚染状況の把握と汚染による健康被害の防止については、市街地の土壌に対して「土壌汚染対策法」により土壌汚染状況調査と汚染の除去等の措置が定められている。農用地の土壌に対しては「農用地の土壌の汚染防止等に関する法律」により対策が取られている。

本章では、まず土壌環境基準を取り上げ、つぎに市街地土壌について汚染状況調査、土壌溶出量基準と土壌含有量基準および汚染の除去等の措置を説明する。また、農用地の土壌汚染対策についてはその概要を紹介する。

## 土壌環境基準

環境基準とは人の健康を保護し、生活環境を保全する上で維持されることが望ましい基準であり、環境基本法の第一六条により大気、水質、土壌および騒音に対してこの基準を定めることになっている。土壌に対しては、環境省令（環境庁告示）により、有害性の高い重金属や揮発性有機化合物など二九物質について、**表5・1**の土壌環境基準が定められている。このうち有機リンとは有機リン系農薬のパラチオン、メチルパラチオン、メチルジメトンおよびEPNの四種類である。このほか、ダイオキシン類対策特別措置法第七条に基づく環境省令により、ダイオキシン類の環境基準も定められている（同表の最下部）。

土壌環境基準は、人為的要因の汚染に適用され、もっぱら地質由来の自然的要因による汚染には適用されず、また廃棄物の埋立地等で外部から適切に区別されている施設の土壌にも適用されない。なお、ダイオキシン類は人工的かつ非意図的に生成される物質（「非意図的生成物質」という）であり、もともと自然界には存在していない。

土壌環境基準の基準値の設定は、土壌中に存在する汚染物質が土壌中を浸透する水に溶出し、その水が地下水として飲用に供される可能性があるとの想定の下、溶出水が水質環境基準と地下水環

**表 5.1　土壌環境基準**

| 物質 | 環境上の条件（単位 mg/L は検液１ L 中の値） |
|---|---|
| カドミウム | 0.01 mg/L 以下、農用地 0.4 mg/kg－米以下 |
| 六価クロム | 0.05 mg/L 以下 |
| 総水銀 | 0.0005 mg/L 以下 |
| アルキル水銀 | 検液中に検出されないこと |
| 鉛 | 0.01 mg/L 以下 |
| 銅 | 農用地（田に限る）125 mg/kg－土壌未満 |
| 全シアン | 検液中に検出されないこと |
| セレン | 0.01 mg/L 以下 |
| 砒素 | 0.01 mg/L 以下、農用地（田に限る）15 mg/kg－土壌未満 |
| フッ素 | 0.8 mg/L 以下 |
| ホウ素 | 1 mg/L 以下 |
| クロロエチレン | 0.002 mg/L 以下 |
| 四塩化炭素 | 0.002 mg/L 以下 |
| 1,2－ジクロロエタン | 0.004 mg/L 以下 |
| 1,1－ジクロロエチレン | 0.1 mg/L 以下 |
| シス－1,2－ジクロロエチレン | 0.04 mg/L 以下 |
| 1,3－ジクロロプロペン | 0.002 mg/L 以下 |
| ジクロロメタン | 0.02 mg/L 以下 |
| テトラクロロエチレン | 0.01 mg/L 以下 |
| 1,1,1－トリクロロエタン | 1 mg/L 以下 |
| 1,1,2－トリクロロエタン | 0.006 mg/L 以下 |
| トリクロロエチレン | 0.03 mg/L 以下 |
| ベンゼン | 0.01 mg/L 以下 |
| シマジン | 0.003 mg/L 以下 |
| チオベンカルブ | 0.02 mg/L 以下 |
| チウラム | 0.006 mg/L 以下 |
| 有機リン | 検液中に検出されないこと |
| ポリ塩化ビフェニル（PCB） | 検液中に検出されないこと |
| 1,4－ジオキサン | 0.05 mg/L 以下 |
| ダイオキシン類 | 1 000 pg－TEQ/g－土壌以下 |

境基準（人の健康の保護に関するもの）に適合したものになるようにするとの考え方に基づいている。また、農用地の土壌に適用される基準は、人の健康を損なうおそれのある農畜産物の生産を防止し、さらに農作物の生育の阻害を防止する観点から定められている。

土壌環境基準のうち重金属など二九物質は、市街地と農用地で適用される物質と基準値が異なる。市街地の土壌には銅を除く二八物質が適用され、農用地の土壌にはカドミウム、砒素および銅の三物質のみが適用される。市街地土壌の基準（市街地基準）は前出の基準値設定の考え方に基づく溶出量であり、その試料（検液）の調整は、試料（単位g）と溶媒（純水に塩酸を加えたもの、単位mL）とを重量体積比一〇%の割合で混合し、その混合液を振とう後、遠心分離・ろ過した液を検液とする。また、「検液中に検出されないこと」とは定められた測定方法の定量限界を下回ることをいう。これに対して、農用地土壌の基準（農用地基準）は含有量であり、カドミウムが米一キログラム当たりの質量（mg）および砒素と銅は土壌一キログラム当たりの質量（mg）で設定され、さらに砒素と銅は「田に限る」とされている。

一方、ダイオキシン類の基準は土壌全般に適用され、市街地や農用地の別を問わない。ダイオキシン類とは、ポリ塩化ジベンゾ－パラ－ジオキシン（PCDD）、ポリ塩化ジベンゾフラン（PCDF）およびコプラナーポリ塩化ビフェニル（コプラナーPCB）であり、基準値は土壌試料一グラムに含まれるダイオキシン類を抽出した液中の質量（pg-TEQ）で表される。ここに、pgはピコグラム（$10^{-12}$g）であり、TEQは毒性等量である。前出の重金属等の基準値に比べて、ダイオキシン類の基準値はその千分の一から百万分の一のオーダーであり、いかに毒性が強いかがわかる。

ダイオキシン類には多くの異性体が存在する。たとえば、**図5・1**に示すように、PCDDは二個のベンゼン環が酸素原子で結ばれた構造であり、ベンゼン環の水素が置換された塩素の数と位置（1～9）の組合わせにより、七五種類の異性体が存在する。同様に、PCDFには一三五種類、コプラナーPCBには十数種類の異性体がある。このうちPCDDの異性体である2,3,7,8-テトラクロロジベンゾ-パラ-ジオキシン（2,3,7,8-TeCDD：2,3,7,8の水素が塩素に置換）が、すべてのダイオキシン類の中で最も毒性が強い。

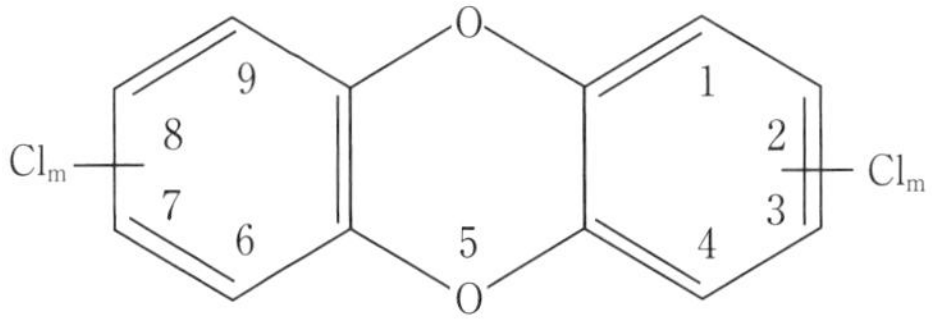


**図 5.1　ポリ塩化ジベンゾ-パラ-ジオキシン（PCDD）の構造**

異性体によって毒性の強さが異なるため、ダイオキシン類として全体の毒性を評価するためには、合計した影響を考えるための手段が必要となる。そこで、最も毒性が強い2,3,7,8-TeCDDの毒性を一として、他のダイオキシン類の毒性の強さを相対的に換算した係数である毒性等価係数（TEF）が用いられている。たとえば、PCDFの2,3,7,8-TeCDFのTEFは〇・一であり、2,3,7,8-TeCDDの一〇分の一の毒性に相当する。ダイオキシン類の量や濃度のデータは、存在する異性体の質量にそれぞれのTEFを掛けて毒性等量（TEQ）を算出し、すべての毒性等量を足し合わせた量として表記される。毒性評価の対象となる異性体は、実質PCDDが七種類、PCDFが一〇種類およびコプラナーPCBが一二種類であり、その他のPCDDとPCDFの異性体はTEFがゼロとされている。

## 土壌汚染状況調査

市街地における土壌に対して、「土壌汚染対策法」には特定有害物質（後述）による土壌汚染の状況の調査を行い、その結果に基づき指定される要措置区域（後述）においては汚染の除去等の措置を講ずることが定められている。

土壌汚染の状況は、汚染の可能性のある土地について一定の契機をとらえて調査を行うことで把握する。具体的には、**図5・2**に示すように、使用が廃止された有害物質使用特定施設に係る工場または事業場（以下、「工場等」という）の敷地であった土地の調査（法第三条調査）、一定規模以上の土地で土壌汚染のおそれがある土地の形質の変更が行われる場合の調査（法第四条調査）、土壌汚染による健康被害が生ずるおそれがある土地の調査（法第五条調査）、の三つのケースである。法第三条と第四条の調査は当該土地の所有者、管理者または占有者（以下、「土地の所有者等」という）に課された義務であり、法第五条の調査は都道府県知事の判断によるものである。

法第三条調査においては、使用が廃止された有害物質使用特定施設を有する工場等のあった土地に対して、その土地の所有者等は環境大臣が指定する者（「指定調査機関」という）に土壌汚染の状況を調査させて、その結果を都道府県知事に報告しなければならない。ここに、有害物質使用特

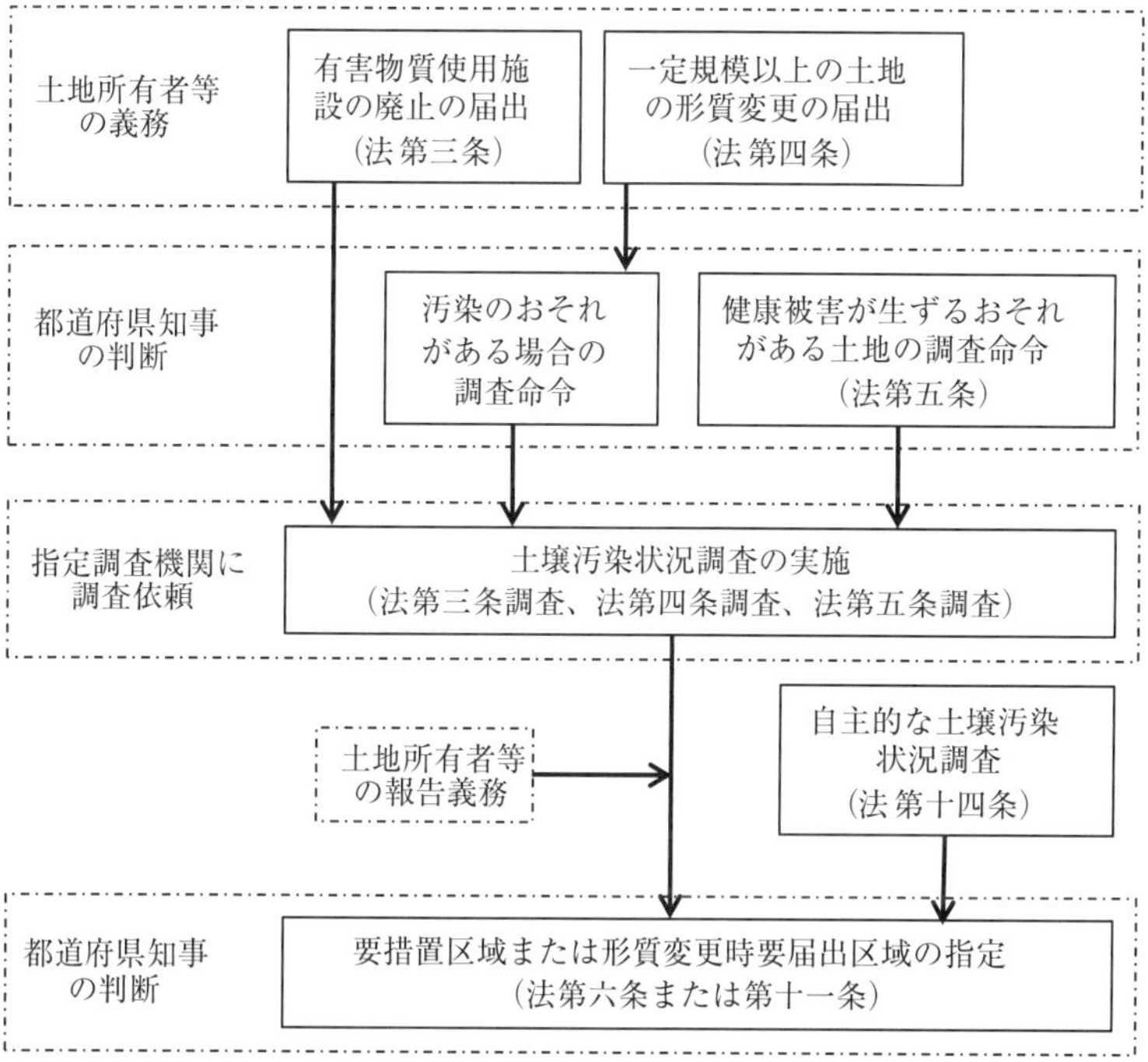


**図 5.2　土壌汚染対策法による土壌汚染状況調査と区域指定の流れ**
［出典］　日本環境協会：Web サイト、「土壌汚染状況調査の流れ」を改変

定施設とは有害物質の製造、使用または処理をする施設で、水質汚濁防止法に定める特定施設を指す。

法第四条調査においては、土壌汚染のおそれがある土地の形質の変更に対して、環境省令で定める面積以上の土地の掘削等の形質の変更をしようとする場合、都道府県知事は、土地の所有者等に対して指定調査機関に土壌汚染の状況を調査させて、その結果を報告するよう命ずることができる。環境省令で定める土地の面積は三〇〇〇平方メートルであるが、二〇一九年度から有害物質使用特定施設が設置されている、もしくはその施設の使用が廃止された工場等の敷地にあっては九〇〇平方メートルとすることが追加された。したがって、有害物質使用特定施設が操業中でも、法第四条調査に該当する土地の所有者等は、土地の形質変更前に土壌汚染の状況を調査・報告しなければならない。

法第五条調査においては、土壌汚染により人の健康被害が生ずるおそれがある土地に対して、都道府県知事は、土地の所有者等に対して指定調査機関に土壌汚染の状況を調査させて、その結果を報告するよう命ずることができる。

これらの三調査に加えて、土地の所有者等が特定有害物質による土壌汚染の状況について自主的に調査・申請(法第一四条調査)し、都道府県知事の判断によりその調査が土壌汚染状況調査とみなされることもある。

土壌汚染状況調査の結果を受けて、土壌の特定有害物質による汚染状態が環境省令で定める基準に適合せず、かつ特定有害物質により人の健康被害を生ずるおそれがあると認める場合、都道府県知事は、その区域を汚染の除去等の措置が必要な区域(「要措置区域」という)として指定・公示するとともに、指定区域の台帳を調製し、閲覧に供することになっている。また、特定有害物質による汚染状態が環境省令で定める基準に適合しないが、人の摂取経路がなく健康被害を生ずるおそれがないと認める場合、その土地の形質を変更しようとするときに届出をしなければならない区域

（「形質変更時要届出区域」という）として指定する。「土地の形質の変更」とは、たとえば宅地造成、土地の掘削、土壌の採取、開墾等の行為が該当し、基準不適合土壌の搬出を伴わないような行為も含まれる。

土壌汚染状況調査の方法は特定有害物質の種類（次節の**表5・2**参照）ごとに異なる。揮発性有機化合物（第一種特定有害物質）は、土壌ガス調査を行い、土壌ガスに特定有害物質が検出された場合、土壌溶出量調査を行う。重金属等（第二種特定有害物質）は、表層の土壌と五〇センチメートルまでの深さの土壌を採取し、その混合試料に対して土壌溶出量調査および土壌含有量調査を行う。農薬等（第三種特定有害物質）は、重金属と同じ方法で試料を作成し、土壌溶出量調査を行う。具体的な調査・分析方法は割愛するが、土壌試料の調整については次節で説明する。

## 土壌溶出量基準と土壌含有量基準

環境省令で定める土壌の特定有害物質の基準には土壌溶出量基準、土壌含有量基準、地下水基準および第二溶出基準がある。これらの汚染対策のための基準は、人為的要因による汚染のみならず、自然的要因による汚染に対しても適用される。健康被害の防止の観点からは、自然的要因による汚染を人為的要因による汚染と区別する理由がない。この点が自然的要因（地質由来）による汚染には適用されない土壌環境基準とは異なる。

土壌溶出量基準は汚染物質が溶出した地下水の飲用による健康リスクを想定し、土壌含有量基準は汚染土壌の直接摂取による健康リスクを想定したものである。汚染土壌の直接摂取は、砂場遊びや屋外活動での土の付着による摂取や土ほこりによる吸引・摂取などが考えられる。これらの溶出量基準と含有量基準は、要措置区域や形質変更時要届出区域の指定の判断に使われるので、指定基準とも呼ばれている。

**表5・2**に示すように、特定有害物質に係る土壌溶出量基準は土壌環境基準のうち二六物質（総水銀とアルキル水銀は水銀として設定）に対して定められており、第一種特定有害物質（揮発性有機化合物）の一二物質、第二種特定有害物質（重金属等）の九物質、第三種特定有害物質（農薬等）の五物質に区分される。土壌溶出基準の値はすべて土壌環境基準（市街地基準）の値と同じであり、土壌試料（検液）の調整も土壌環境基準の試料調整と同様である。

土壌溶出量基準値の設定の考え方は、土壌環境基準の考え方と同様、汚染土壌から特定有害物質が地下水に溶出し、その地下水を一生涯飲用することによる健康リスクを想定している。具体的には、一日二リットルの地下水を七〇年間飲用することを想定し、これをもって一生涯を通じた毒性（慢性毒性）としている。

毒性の閾値（人に対して影響を起こさないと考えられる量）がある物質（砒素や四塩化炭素など）については、その物質の毒性から、七〇年間それを摂取しても健康に有害な影響がないと判断される耐容一日摂取量（ＴＤＩ）を求め、ＴＤＩの一〇％が地下水の飲用による摂取量（寄与率）とし

**表 5.2　土壌溶出量基準**

| 特定有害物質 | | 環境上の要件（検液１Ｌ中の値） |
|---|---|---|
| 第一種特定有害物質 | クロロエチレン | 0.002 mg/L 以下 |
| | 四塩化炭素 | 0.002 mg/L 以下 |
| | 1,2－ジクロロエタン | 0.004 mg/L 以下 |
| | 1,1－ジクロロエチレン | 0.1 mg/L 以下 |
| | シス－1,2－ジクロロエチレン | 0.04 mg/L 以下 |
| | 1,3－ジクロロプロペン | 0.002 mg/L 以下 |
| | ジクロロメタン | 0.02 mg/L 以下 |
| | テトラクロロエチレン | 0.01 mg/L 以下 |
| | 1,1,1－トリクロロエタン | 1 mg/L 以下 |
| | 1,1,2－トリクロロエタン | 0.006 mg/L 以下 |
| | トリクロロエチレン | 0.03 mg/L 以下 |
| | ベンゼン | 0.01 mg/L 以下 |
| 第二種特定有害物質（化合物を含む） | カドミウム | 0.01 mg/L 以下 |
| | 六価クロム | 0.05 mg/L 以下 |
| | 水銀 | 0.0005 mg/L 以下かつアルキル水銀が検液中に検出されないこと |
| | 鉛 | 0.01 mg/L 以下 |
| | シアン | 検液中に検出されないこと |
| | セレン | 0.01 mg/L 以下 |
| | 砒素 | 0.01 mg/L 以下 |
| | フッ素 | 0.8 mg/L 以下 |
| | ホウ素 | 1 mg/L 以下 |
| 第三種特定有害物質 | シマジン | 0.003 mg/L 以下 |
| | チオベンカルブ | 0.02 mg/L 以下 |
| | チウラム | 0.006 mg/L 以下 |
| | 有機リン | 検液中に検出されないこと |
| | ポリ塩化ビフェニル（PCB） | 検液中に検出されないこと |

て基準値を求める。毒性の閾値がない物質（ベンゼンやトリクロロエチレンなど）については、地下水を飲用した場合のリスク増分が一〇万分の一となるレベルをもって基準値を設定している。毒性に閾値がない発がん性の場合、一〇万人に一人ががんを発症するリスクに相当する。ただし、鉛は幼児に対する毒性を考慮し、シアンは急性毒性に基づいて基準値を設定するなど、例外もある。

土壌含有量基準は、**表5・3**に示すように、第二種特定有害物質について定められており、土壌試料（検液）の調整は六価クロム、シアンおよびその他の物質（カドミウム、水銀、鉛、セレン、砒素、フッ素、ホウ素）によって異なる。六価クロムの場合、試料（単位g）と溶媒（純水に炭酸緩衝液を加えたもの、単位mL）とを重量体積比三％の割合で混合し、その混合液を振とう後、遠心分離・ろ過した液を検液とする。シアンの場合、試料（単位g）と溶媒（純水に酢酸亜鉛溶液を加えたもの、単位mL）を混合し、その液を蒸留してシアン化水素を留出させた液を検液とする。その他の物質の場合、試料（単位g）と溶媒（純水に塩酸を加えたもの、単位mL）とを重量体積比三％の割合で混合し、その混合液を振とう後、遠心分離・ろ過した液を検液とする。

土壌含有量基準値の設定の考え方は、一生涯（七〇年間）汚染土壌のある土地に居住した場合で、汚染土壌の直接摂取による健康リスクを想定したものである。具体的には、一日当たりの土壌摂取量を子供（六歳以下）二〇〇ミリグラム、大人一〇〇ミリグラムとし、土壌摂取による有害物質の摂取量が土壌溶出量基準を設定する際に考慮された地下水からの摂取量と同レベルになるように基

**表 5.3　土壌含有量基準**

| 特定有害物質 | | 環境上の要件（土壌 1 kg 中の値） |
|---|---|---|
| 第二種特定有害物質（化合物を含む） | カドミウム | 150 mg/kg 以下 |
| | 六価クロム | 250 mg/kg 以下 |
| | 水銀 | 15 mg/kg 以下 |
| | 鉛 | 150 mg/kg 以下 |
| | シアン | 50 mg/kg 以下 |
| | セレン | 150 mg/kg 以下 |
| | 砒素 | 150 mg/kg 以下 |
| | フッ素 | 4 000 mg/kg 以下 |
| | ホウ素 | 4 000 mg/kg 以下 |

準値を設定している。

地下水基準は、法第四条調査による土壌ガス調査において土壌中の気体の採取が困難な場合、法第五条調査において指定基準に適合しない土地がない場合、これらの場合に行う地下水調査における基準である。また、第二溶出基準は、指定基準に適合しない土壌（基準不適合土壌）への対策方法を選定する際の基準である。

地下水基準は土壌溶出量基準と同じ物質に対して、同じ値が設定されている。また、第二溶出基準は土壌溶出量基準と同じ物質に対して、土壌溶出量基準の三倍から三十倍の値（より緩い基準）が設定されている。

## 汚染の除去等の措置

土壌汚染状況調査により特定有害物質による汚染が明らかとなった土地は、前々節で説明した通り、要措置区域または形質変更時要届出区域として指定される。要措置区域においては、人の健康被害を防止するため、汚染の拡散の防止とその他の措置（「汚染の除去等の措置」という）を講ずることが求められる。形質変更時要届出区域においては、実際の形質変更時に、変更届出に基づき要措置区域の指定がなされた場合、汚染の除去等の措置が必要となる。

具体的な汚染の除去等の措置は、**表5・4**に示すように、土壌の汚染状態あるいはそれに起因する地下水汚染の状況等に応じて定められている。措置の目的は、特定有害物質を含む土壌または地下水の摂取経路を遮断することにより、健康被害が生じるおそれをなくすことである。汚染の除去等の措置の基本は、特定有害物質に対するばく露の管理や経路遮断といった「汚染の管理」であるとされている。これは、土壌は移動性が低く、土壌中では有害物質も拡散しにくいため、水質汚濁や大気汚染とは異なり、汚染土壌から人への有害物質のばく露経路の遮断により、健康被害のリスクを低減し得るという考え方に基づいている。汚染土壌の浄化等の「汚染の除去」については、乳幼児の砂遊び等に日常的に利用される砂場等の限定的な場合に指示される。

直接摂取によるリスクについては、指定基準のうち土壌含有基準を超える指定区域について措置を講ずる場合、原則として通常の利用が可能な覆土（盛土）を行うことになっている。ただし、宅地やマンション建設地において盛土では現状の上部利用に支障が生じる場合は土壌の入れ換え、また特別な場合（乳幼児が多数頻繁に出入りし、土地形状が頻繁に変わる遊園地または、砂場等）には掘削除去や原位置浄化が求められる。

地下水の摂取等によるリスクについては、土壌溶出量基準に適合しない土壌が存在するが、地下

**表 5.4　汚染の除去等の措置**

| 区分 | 汚染状態あるいは土地の状態 | | | | 指示措置 |
|---|---|---|---|---|---|
| 直接摂取によるリスク | 通常の場合（下記以外） | | | | 覆土（盛土） |
| | 宅地やマンション建設地で、盛土による措置では現状の上部利用に支障が生じる場合 | | | | 土壌入換え |
| | 特別な場合（乳幼児が多数頻繁に出入りし、土地形状が頻繁に変わる遊園地または、砂場等） | | | | 掘削除去<br>原位置浄化 |
| 地下水の摂取等によるリスク | 当該土壌汚染に起因した地下水汚染が生じていない | | | | 地下水の水質の測定 |
| | 当該土壌汚染に起因した地下水汚染が生じている | 第二種溶出量基準 | 適合 | 第一種、二種、三種特定有害物質 | 原位置封じ込め、<br>遮水工封じ込め |
| | | | 不適合 | 第一種特定有害物質 | 掘削除去、<br>原位置浄化 |
| | | | | 第二種特定有害物質* | 遮断工封じ込め、<br>掘削除去、<br>原位置浄化 |
| | | | | 第三種特定有害物質 | 遮断工封じ込め、<br>掘削除去、<br>原位置浄化 |

注）＊基準不適合土壌を不溶化により第二溶出量基準に適合させた場合、原位置封じ込めや遮水工封じ込めの措置を取ることができる。

［資料］中央環境審議会「土壌汚染対策法に係る技術的基準について（答申）」2002 年；日本環境協会「事業者が行う土壌汚染リスクコミュニケーションのためのガイドライン」p.101 表 A.4、2017 年

水汚染が生じていない場合、地下水の水質を継続的に測定し、汚染が生じていないことを確認する。当該土壌汚染に起因した地下水汚染が生じている場合、第二種溶出量基準に適合するか否かで措置が異なる。第二種溶出量基準に適合する場合、原位置封じ込めや遮水工封じ込めにより管理される。適合しない場合、掘削除去や原位置浄化、あるいは遮断工封じ込め（揮発性有機化合物の第一種特定有害物質を除く）が求められる。

**表5・4**の指示措置のうち、覆土は基準不適合土壌の表面を五〇センチメートル以上汚染されていない土壌で盛土することで、人へのばく露経路を遮断する措置である。

土壌入換えには区域外と区域内の入換えがある。区域外土壌入換えは、地表から深さ五〇センチメートル以上の基準不適合土壌のある範囲を掘削し、砂利その他の土壌以外のもので掘削面を覆い、つぎに汚染されていない土壌により埋め戻す措置である。区域内土壌入換えは、ボーリング等で把握した基準不適合土壌を掘削し、さらにその下の汚染されていない土壌を五〇センチメートル以上掘削し、そこに基準不適合土壌を埋め戻した後、砂利等で仕切りを設け、その上部を汚染されていない土壌により埋め戻すものである。この方法は基準不適合土壌と汚染されていない土壌を入れ替えるものであり、一般的に天地返しともいわれる。

掘削除去は、基準不適合土壌を掘削・除去し、汚染されていない土壌で埋め戻す措置である。原位置浄化は、井戸等から薬剤や微生物を注入したり、撹拌機械を用いて薬剤と土壌を混ぜ合わせたりすることにより、基準不適合土壌がその場所にある状態で、特定有害物質を抽出または分解により土壌中から除去する措置である。

原位置封じ込めは、原位置の土壌の基準不適合範囲に対して、底面に地盤の不透水層があり、側面に鋼矢板等の地中遮水壁を打込み、表層部をコンクリートやアスファルトで舗装することにより、基準不適合土壌を封じ込める措置である。遮水工封じ込めは、基準不適合土壌を掘削し、そこに地下水の浸出を防止する遮水シート等の遮水層を敷設し、掘削した基準不適合土壌を埋め戻した後、その上部を舗装等で覆う措置である。

遮断工封じ込めは、基準不適合土壌を掘削し、その空間の底面と側面に水密性の鉄筋コンクリート等の遮断層を有する箱状構造物を建設し、その中に基準不適合土壌を戻し、上部をコンクリート製の蓋で覆う措置である。

また、地下水汚染の拡大防止のため、地下水の揚水施設や透過性地下水浄化壁を設置して、定常的に地下水中の汚染物質の除去を行う措置も取られる。

## 農用地における土壌汚染対策

農用地における土壌汚染に対しては、「農用地の土壌の汚染防止等に関する法律」（農用地土壌汚染防止法）により、汚染の防止や対策の実施を図ることが定められている。同法により、農用地土壌およびその農作物等に含まれる特定有害物質の量が一定の要件（「指定要件」という）に該当する地域は「農用地土壌汚染対策地域」として指定される。指定された地域に対しては「農用地土壌汚染対策計画」を策定し、かんがい排水施設の新設や客土等、汚染農用地を復元するための対策を講じることが求められる。

農用地における特定有害物質はカドミウム、銅および砒素であり、それぞれの指定要件としてカドミウムは食品衛生法に準拠する（人の健康被害を防止する）観点から米に含まれる量、銅と砒素は農作物の生育阻害を防止する観点から農用地（田に限る）土壌に含まれる量で規定されている。具体的には、**表5・1**の土壌環境基準に示したように、カドミウムは米一キログラムにつき〇・四ミリグラムを超える量、銅は土壌一キログラムにつき一二五ミリグラム以上の量、砒素は土壌一キログラムにつき一五ミリグラム以上の量を含むものである。

汚染農用地の復元対策として、カドミウムに対しては一般的に客土（別の場所から土を搬入すること）が行われている。客土の工法には、汚染土壌の上部に非汚染土を二〇～四〇センチメートル程度かぶせる上乗せ工、汚染されていない下層土を掘削した空間に汚染土壌を埋めてその上部を非汚染土で覆う埋め込み工、汚染土壌を排除し非汚染土で埋め戻す排土工、汚染土と下層土を入れ換える（反転させる）反転工などがある。上乗せ工は区画整理が必要な大面積の農地で使われ、他の三工法は小面積の農地や飛び地で利用されている。なお、客土によって復元された水田は土性、透水性、土壌養分等、土壌条件が変わることがあるので、水稲を栽培するにあたって異なった栽培・管理を行う必要が出てくることがある。

かんがい排水施設等による対策は、水源を転換するための農業用ダムや頭首工、かんがいにおける用排水を分離するための施設、中和施設や汚水処理施設などの新設または改修である。頭首工とは用水を取水するために河川水位を堰上げる構造物であり、川の水位が用水路より上でないと水が流れ込まないので、河川水位を上げるものである。

ところで、客土は比較的コストがかかる上に、近年非汚染土の確保が難しくなっている。また、肥沃度の低い山土等を用いると、その土地の生産力が低下することになる。このため、客土の代替法として、土壌洗浄法や植物修復法（ファイトレメディエーション）などが開発されている。土壌洗浄法は、塩化第二鉄などの化学薬剤を溶かした用水を流し込んで、湛水した水田で土壌を撹拌することによりカドミウムを溶出させた後、溶出水の浄化とカドミウムの回収を行う方法である。ファイトレメディエーションは、カドミウム吸収能力の高い植物（非食用の稲など）を栽培して、土壌中のカドミウムを植物により除去する方法である。

# 第六章　汚染土壌の処理と処分

土壌汚染対策法に基づく指定区域から汚染土壌を搬出する際、搬出先において土壌汚染が拡散しないように汚染土壌を適切に処理・処分する必要がある。具体的には、汚染土壌の処理は浄化、溶融および不溶化により、また汚染土壌の処分はセメント製造による利用や埋立てにより行われる。

本章では、まず汚染土壌に対する浄化、溶融および不溶化による具体的な処理方法を説明し、つぎにセメント製造や埋立てによる処分方法について概要を紹介する。

## 汚染土壌の浄化等処理

汚染土壌の処理方法は浄化、溶融および不溶化に大別され、これらを総称して浄化等処理という。汚染土壌に含まれる特定有害物質に対して、浄化は抽出または分解による除去、溶融は高温下での溶融による分解・揮発または固溶化（固体の中に溶かし込みスラグとして封じ込めること）、不溶化は薬剤により地下水への溶出を低減する方法であり、これらの処理により土壌の溶出量基準と含

## 表 6.1　汚染土壌の浄化等処理の方法

| 処理方法 | | | 処理の概要 |
|---|---|---|---|
| 浄化 | 抽出 | 洗浄処理 | 土壌を機械的に洗浄するとともに粒径により分級して、有害物質が吸着・濃縮している粒径区分を分離・抽出する方法である。一般に粗粒分は有害物質濃度が低く、細粒分の濃度は高いため、汚染が濃縮した細粒部土壌や洗浄水は別途処理を行う。適用対象は第二種・第三種特定有害物質である。 |
| | | 化学吸着 | 土壌に生石灰等の薬剤を混合し、水との水和熱で土壌温度を上昇させ有害物質を揮発・除去する方法である。土壌 pH の上昇による鉛や砒素等の溶出には注意が必要である。抽出した有害物質は、捕集して、活性炭吸着、紫外線酸化分解、触媒分解または熱分解等で処理する。適用対象は第一種特定有害物質である。 |
| | | 熱脱着 | 土壌を適切な温度で加熱して有害物質を揮発・抽出する方法であり、触媒、酸化剤または還元剤を用いることもある。加熱による抽出物を分解・除去する排ガス処理装置が不可欠である。適用対象は第一種および一部の第二種特定有害物質である。 |
| | 分解 | 熱分解 | 土壌を適切な温度で加熱して有害物質を分解する方法であり、触媒、酸化剤または還元剤を用いることもある。加熱処理設備では分解生成物等を除去する排ガス処理装置が不可欠である。適用対象は第一種・第三種および一部の第二種特定有害物質である。 |
| | | 化学処理 | 土壌に薬剤を添加し、化学的に有害物質の分解を行う方法であり、具体的には次亜塩素酸、過マンガン酸または過酸化水素と鉄（フェントン法）等による酸化、鉄粉による還元的脱塩素、アルカリ触媒分解等がある。適用対象は第一種・第三種特定有害物質およびシアン化合物等である。 |
| | | 生物処理 | 土壌に特定の微生物を添加・培養し、有害物質の生分解を行う方法である。本法は生分解のため比較的時間を要するので、処理基準（搬入後 60 日以内に処理終了）を満たすか、注意を要する。適用対象は生分解性のある第一種・第三種特定有害物質およびシアン化合物等である。 |
| 溶融 | | | 土壌を溶融温度にまで加熱し、有害物質を分解・揮発または固溶化（スラグ化）する方法であり、排ガス中に有害物質や分解生成物が含まれる場合には排ガス処理設備が必要である。適用対象は第一種・第二種・第三種特定有害物質で、第一種・第三種は分解または揮発し、第二種は多くが溶融してスラグ化される。 |
| 不溶化 | | | 土壌に薬剤を添加して、有害物質を不溶化して溶出を低減する方法であり、薬剤は鉄系、リン酸系、キレート剤、チタン系、カルシウム系、マグネシウム系などである。セメントを補助剤とする場合の六価クロム溶出、pH 上昇による鉛溶出には注意が必要である。適用対象は第二種特定有害物質である。 |

［資料］　環境省水・大気環境局「汚染土壌の処理業に関するガイドライン（改訂第 2 版）」2012 年

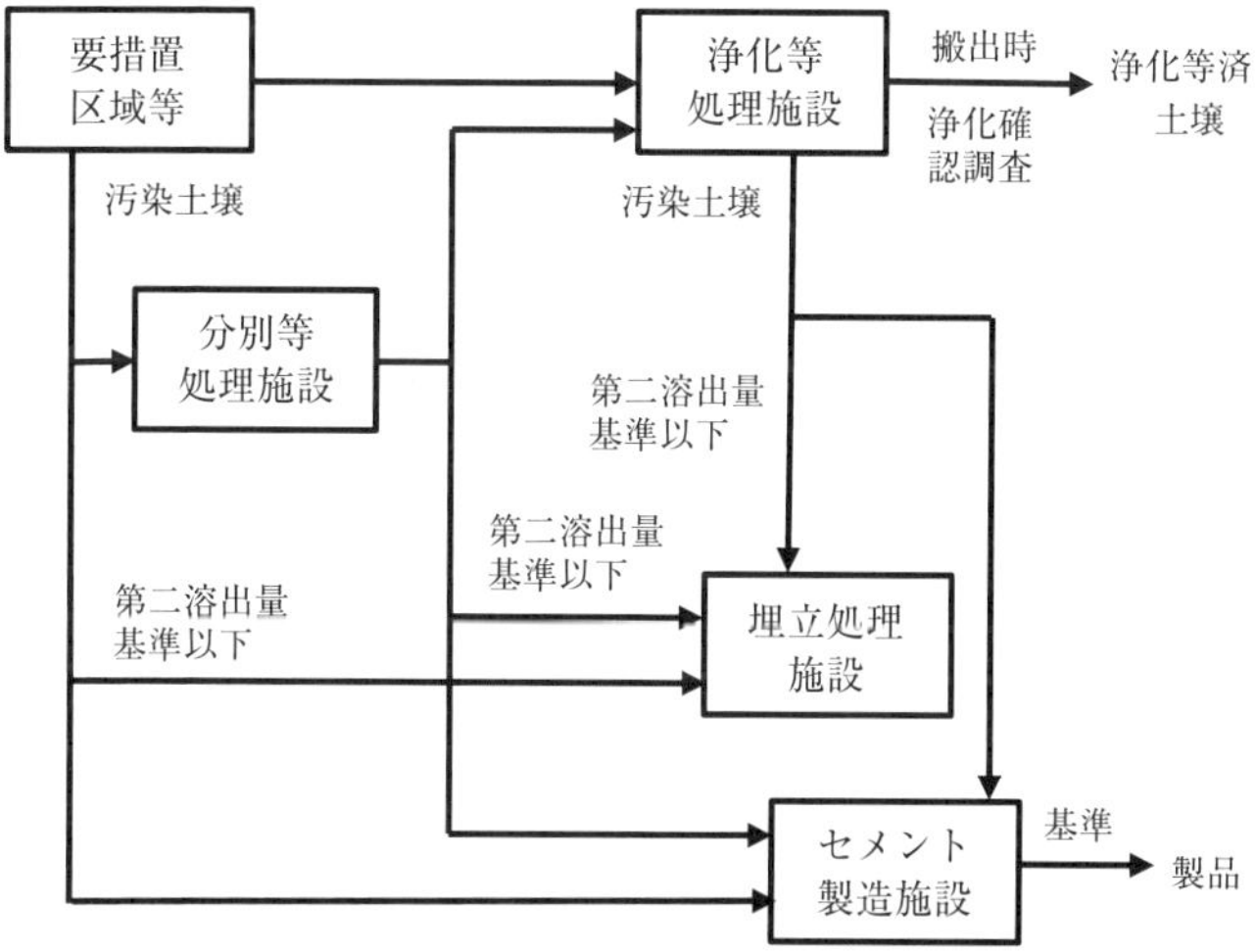


**図 6.1　要措置区域等から搬出する汚染土壌の流れ**

［資料］　環境省水・大気環境局：汚染土壌の処理業に関するガイドライン（改訂第 2 版）（2012)、図 1.6.1-1 を改変

有量基準に適合させるものである。汚染土壌の浄化等処理の具体的な方法を**表6・1**に整理した。また、要措置区域等から搬出される汚染土壌の処理・処分の流れを**図6・1**に示した。

要措置区域等から汚染土壌を搬出する場合、**図6・1**に示したように、搬出先において土壌汚染が拡散しないように浄化等処理施設で処理するか、あるいは埋立処分またはセメント製造による処分を行うことになる。なお、図中では「埋立処理」としているが、ここでは「埋立処分」とした。また、分別等処理施設とは、汚染土壌から岩石、コンクリートくずなどを分別し、または汚染土壌の含水率を調整する施設である。

浄化等処理のうち、抽出には洗浄処理、

化学脱着および熱脱着がある。洗浄処理は、土壌を機械的に洗浄するとともに粒径により分級して、有害物質が吸着・濃縮している粒径区分（七五マイクロメートル未満）をサイクロンで分離・抽出する方法である。粒径七五マイクロメートル以上の洗浄済み土壌は、浄化確認調査後、浄化等済土壌となる。粒径七五マイクロメートル未満の汚染濃縮土壌は再処理汚染土壌処理施設で処理する。適用対象は第二種・第三種特定有害物質である。

浄化等済土壌とは、浄化等処理施設において浄化または溶融が行われた汚染土壌であって、浄化確認調査による調査の結果、特定有害物質による汚染状態が土壌の溶出量基準および含有量基準に適合しているものをいう。

化学脱着は、土壌に生石灰等の薬剤を混合し、水との水和熱で土壌温度を上昇させ揮発性の特定有害物質を揮発・除去する方法である。化学脱着処理済みの土壌は、浄化確認調査後、浄化等済土壌となる。揮発した有害物質は活性炭吸着等によって捕集される。適用対象は第一種特定有害物質である。

熱脱着は、土壌を適切な温度（水銀の場合六〇〇～六五〇℃）で加熱して、有害物質を揮発・抽出する方法である。熱脱着処理済みの土壌は、浄化確認調査後、浄化等済土壌となる。揮発した有害物質は減温塔で冷却され、飛灰は電気集塵機等により捕集する。気体となった有害物質は活性炭や吸着剤等により捕集される。適用対象は第一種特定有害物質および水銀（第二種特定有害物質）である。

分解には熱分解、化学処理および生物処理がある。熱分解は、ロータリーキルン等により土壌を適切な温度で加熱して、有害物質を分解する方法である。対象となる特定有害物質の多くは八〇〇℃以上で分解するが、ＰＣＢは一一〇〇℃以上に保つ必要がある。熱分解処理済みの土壌は、浄化確認調査後、浄化等済土壌となる。未分解の有害物質を含む飛灰は、電気集塵機等により捕集する。気化したものは活性炭等で吸着し、電気集塵機等により捕集する。適用対象は第一種・第三種特定有害物質および一部の第二種特定有害物質である。

化学処理は、土壌に薬剤を添加し、化学的に有害物質の分解を行う方法である。具体的には、第一種特定有害物質を含む汚染土壌に鉄粉を添加して分解する還元的な脱塩素処理、第三種および第一種特定有害物質を含む汚染土壌に対する次亜塩素酸や過マンガン酸処理、過酸化水素と鉄を使用するフェントン法による酸化処理、さらにＰＣＢ汚染土壌に対するアルカリ触媒分解処理等がある。化学処理済みの土壌は、浄化確認調査後、浄化等済土壌となる。汚染土壌の投入時に揮散した特定有害物質は、活性炭吸着等により捕集される。適用対象は第一種・第三種特定有害物質およびシアン化合物等であるが、処理法によって異なり、たとえば鉄粉添加の還元的脱塩素処理は第一種特定有害物質（ベンゼンを除く）に適用される。

生物処理は、土壌において特定の微生物を活性化または外部から注入し、有害物質の生分解を行う方法である。生物処理はバイオスティミュレーション（biostimulation）とバイオオーグメンテーション（bioaugmentation）に大別される。スティミュレーションとは活気づけることで、オーグメンテーションとは増加させることを意味している。

バイオスティミュレーションは、酸素（好気性微生物の場合）や栄養物質等を加えて土壌中の微生物を活性化させ、特定有害物質の分解浄化作用を促進する。バイオオーグメンテーションは、特定有害物質を分解する微生物を外部で培養後、土壌に注入し、酸素（好気性微生物の場合）や栄養物質等を与えることで微生物を活性化させ、分解浄化作用を促進する。生物処理済みの土壌は、浄化確認調査後、浄化等済土壌となる。適用対象は生分解性のある第一種・第三種特定有害物質およびシアン化合物等である。しかし、現状ではベンゼンに対してバイオスティミュレーションによる処理のみが行われている。本法は生分解のため比較的長時間を要するので、環境省令「汚染土壌処理業に関する省令」第五条の処理基準「汚染土壌処理施設に搬入後六〇日以内に処理終了」を満たすか、注意を要する。

以上が汚染土壌の浄化による処理の概要であり、つぎに溶融と不溶化による処理について説明する。

溶融は、土壌を溶融炉で溶融温度にまで加熱し、有害物質を分解・揮発または固溶化する方法である。適用対象は第一種・第二種・第三種特定有害物質であり、第一種・第三種はほとんどが分解または揮発し、シアン以外の第二種物質は多くが土壌とともに溶融してスラグ化される。シアン化合物を除く第二種物質は排ガス側へ移行し、電気集塵機やバグフィルタ等により飛灰として回収される。気体となった有害物質は活性炭または吸着材等により捕集される。排出された土壌（スラグ）

は、浄化確認調査後、浄化等済土壌となる。

不溶化は、土壌に薬剤を添加して、有害物質を不溶化して地下水への溶出を低減する方法である。適用対象は第二種特定有害物質のみである。水銀汚染土壌を受け入れる施設の場合、揮散した水銀を活性炭吸着等により捕集する。不溶化剤としては、水酸化物や硫化物、鉄系やCa/Mg系薬剤などが用いられる。このほか、ホウ素汚染土壌に用いられるセメントによる固化により溶出を低減する方法も不溶化に含まれる。不溶化を行った土壌は、土壌の溶出量基準と含有量基準に適合したものであっても、浄化等済土壌にはならない。したがって、不溶化後排出された土壌は、汚染土壌として再処理汚染土壌処理施設へ搬出しなければならない。

## 汚染土壌の処分

汚染土壌の処分は、**図6・1**に示したセメント製造による利用および埋立による処分で行われる。埋立処分には内陸埋立、水面埋立および盛土構造物等としての処分がある。

セメント製造は汚染土壌をセメントの原料（石灰石、粘土、ケイ石、酸化鉄等）の代替材料として利用するもので、主に重金属等（第二種特定有害物質）による汚染土壌の資源化による処分方法でもある。セメント製造においては、コンクリートの状態で特定有害物質の溶出量や含有量が土壌の各基準を満たすように、セメント中の含有量を適正に管理しなければならない。つまり、汚染土壌を原料とするセメントをコンクリートとして固化することにより、有害物質を不溶化することでもある。ただし、水銀とシアンおよびＰＣＢによる汚染土壌は、現在のところその技術的な可能性について十分な知見がないことから、当面の間は利用できないことになっている。また、第一種特定有害物質による汚染土壌を利用する際は、当該物質の分解温度以上の温度に十分な時間ばく露し、当該物質を確実に分解することも求められる。

埋立処分のうち内陸埋立は、第二溶出量基準に適合した汚染土壌を内陸に埋め立てる方法である。汚染土壌に含まれる特定有害物質は、埋立地に残留するが、浸出水に溶出するものもあるので、浸出水の適切な処理が求められる。汚染土壌を産業廃棄物の管理型処分場の中間覆土として利用する場合、汚染土壌と雨水との接触により表流水が基準不適合となるおそれがあることから、表面雨水排水を適切に処理する（たとえば表面雨水排水を浸出液処理設備で処理する）ことも必要である。中間覆土とは、廃棄物の埋立ての進行とともに埋立層が一定の厚さ（二〜三メートル）に達したとき、運搬車両の道路の確保や埋立部分の雨水排除を目的として行う覆土のことである。

水面埋立は判定基準省令の基準に適合した汚染土壌を水面に埋め立てる方法である。第二種特定有害物質のうちカドミウム、鉛、六価クロム、砒素およびセレンについては、判定基準省令「海洋汚染等及び海上災害の防止に関する法律施行令第五条第一項に規定する埋立場所等に排出しようとする金属等を含む廃棄物に係る判定基準を定める省令」の基準が第二溶出量基準よりも厳しい値となっていることに注意が必要である。汚染土壌に対する特定有害物質の浸出や中間覆土としての利用に求められる対策は、前出の内陸埋立のものとほぼ同じである。

盛土構造物等としての処分は、路盤や堤体等を利用して第二溶出量基準に適合した汚染土壌を遮水工で封じ込める方法である。特定有害物質は埋立土壌中に残留し、土壌中の保有水はあるが、排水は基本的に発生しない。

# 第七章　環境アセスメントとリスク評価

環境アセスメント（環境影響評価）とは、開発事業による重大な環境影響を回避・低減するために、事業が及ぼす環境への影響をあらかじめ点検・評価することである。評価の結果を環境保全や事業内容に反映させるための措置をとることによって、事業活動において環境保全のための適正な配慮を確保することができる。

また、環境汚染の原因物質が人の健康に影響を及ぼすおそれ（リスク）を評価し、汚染の経路の遮断や摂取量の低減により、リスクを許容できるレベルに下げる対策も求められている。そのためには、リスク評価に基づく情報を事業者と住民が共有して、汚染対策に関する意思疎通を相互に図るリスクコミュニケーションが重要となってくる。

本章では、まず土壌環境に関する環境アセスメントの内容とアセスメント技術を説明し、つぎにリスク評価とリスクコミュニケーションの考え方や方法について概要を紹介する。なお、アセスメント技術については、環境省の環境影響評価技術検討会による「大気・水・環境負荷分野の環境影響評価技術検討会報告書」（二〇〇二年）を参考にした。

## 環境アセスメントとは

道路や鉄道などの建設は人の暮らしを支える重要な開発事業であるが、いくら必要な事業であっても、環境を破壊するような影響を与えてよいはずはない。開発事業による重大な環境影響を回避あるいは低減するためには、事業の必要性や採算性だけでなく、環境の保全についてもあらかじめ点検・評価することが重要である。このような考え方から、環境アセスメント（環境影響評価）制度が設けられた。環境アセスメントとは、開発事業の内容を決めるに際して、その事業が周辺環境にどのような影響を及ぼすか、事業者自らが調査・予測・評価を行い、その結果を公表して、住民や自治体などから意見を聴き、それらを踏まえた上で事業の実施計画を立てていこうとする制度である。

環境アセスメントは、アメリカで一九六九年に制度化されて以来、世界各国でその導入が進んできた。わが国では一九七二年に公共事業での環境アセスメントが導入され、港湾計画、埋立て、発電所および新幹線についての制度が設けられた。その後、一九九三年に制定された「環境基本法」に環境アセスメントの推進が盛り込まれ、一九九七年に「環境影響評価法」が制定された。その後、二〇一一年には事業の計画段階で検討する計画段階環境配慮書手続（配慮書手続）や環境影響を回避または低減するための環境保全措置等の結果の報告・公表手続などが盛り込まれ、現在の「環境影響評価法」ができあがった。

## 表 7.1　環境アセスメントの対象事業

| | | 第 1 種事業 | 第 2 種事業 |
|---|---|---|---|
| 1 | 道路 | | |
| | 高速自動車国道 | すべて | — |
| | 首都高速道路など | 4 車線以上のもの | — |
| | 一般国道 | 4 車線以上·10 km 以上 | 4 車線以上·7.5 ～ 10 km |
| | 林道 | 幅員 6.5 m 以上·20 km 以上 | 幅員 6.5 m 以上·15 ～ 20 km |
| 2 | 河川 | | |
| | ダム、堰 | 湛水面積 100 ha 以上 | 湛水面積 75 ～ 100 ha |
| | 放水路、湖沼開発 | 土地改変面積 100 ha 以上 | 土地改変面積 75 ～ 100 ha |
| 3 | 鉄道 | | |
| | 新幹線鉄道 | すべて | — |
| | 鉄道、軌道 | 長さ 10 km 以上 | 長さ 7.5 ～ 10 km |
| 4 | 飛行場 | 滑走路長 2 500 m 以上 | 滑走路長 1 875 ～ 2 500 m |
| 5 | 発電所 | | |
| | 水力発電所 | 出力 3 万kW 以上 | 出力 2.25 ～ 3 万kW |
| | 火力発電所 | 出力 15 万kW 以上 | 出力 11.25 ～ 15 万kW |
| | 地熱発電所 | 出力 1 万kW 以上 | 出力 7 500 ～ 1 万kW |
| | 原子力発電所 | すべて | — |
| | 風力発電所 | 出力 1 万kW 以上 | 出力 7 500 ～ 1 万kW |
| 6 | 廃棄物最終処分場 | 面積 30 ha 以上 | 面積 25 ～ 30 ha |
| 7 | 埋立て、干拓 | 面積 50 ha 超 | 面積 40 ～ 50 ha |
| 8 | 土地区画整理事業 | 面積 100 ha 以上 | 面積 75 ～ 100 ha |
| 9 | 新住宅市街地開発事業 | 面積 100 ha 以上 | 面積 75 ～ 100 ha |
| 10 | 工業団地造成事業 | 面積 100 ha 以上 | 面積 75 ～ 100 ha |
| 11 | 新都市基盤整備事業 | 面積 100 ha 以上 | 面積 75 ～ 100 ha |
| 12 | 流通業務団地造成事業 | 面積 100 ha 以上 | 面積 75 ～ 100 ha |
| 13 | 宅地の造成の事業（*1） | 面積 100 ha 以上 | 面積 75 ～ 100 ha |

| | | |
|---|---|---|
| | 港湾計画（*2） | 埋立て·堀込み面積の合計 300 ha 以上 |

注）*1　「宅地」には、住宅地以外にも工業用地なども含まれる。
　　*2　港湾計画については、特例の手続を実施することになる。
　　*3　2020 年度より太陽光発電事業の第 1 種 4 万kw・第 2 種 3万kw（交流側）を追加予定
［出典］　環境省、環境アセスメント制度のあらまし、2018

環境影響評価法の目的は、土地の形状変更や工作物の新設などの開発事業に対して、規模が大きく環境影響の程度が著しいと思われる事業に対する環境影響評価の手続等を定め、評価の結果をその事業に影響を受ける環境の保全や事業内容に反映させるための措置をとることによって、環境保全のための適正な配慮を確保することである。この法律で対象とする事業は**表7・1**に示した道路、ダム、鉄道など一三の事業であり、国が実施または許認可等を行う事業である。このうち各事業の一定規模以上の「第一種事業」はすべてがアセスメントの対象となり、第一種事業に準ずる規模の「第二種事業」では所管省庁が必要と認めた事業が対象となる。なお、港湾計画については、港湾法との関係から個別に対応し、港湾環境影響評価の手法等は国土交通省令で定められている。

一方、地方公共団体が実施または許認可を行う事業に対しては、環境影響評価法を踏まえて、環境影響評価に関する規定を条例で定めることができる。すべての都道府県とほとんどの政令指定都市には環境アセスメントに関する条例があり、法対象以外の事業種や小規模の事業を対象にするなど、地域の実情に応じた内容となっている。たとえば、東京都の条例では、法の対象である十三事業に加えて、ガス・石油貯蔵所や高層建築など二六事業に区分して、アセスメントを実施している。なお、国が実施または許認可を行う事業に対するアセスメントを「法アセス」、地方公共団体が行う事業に対するものを「条例アセス」ということがある。

対象となる事業を行う事業者は、**図7・1**に示すように、定められた手続に基づいてアセスメントを実施しなければならない。具体的には、計画段階の環境配慮、対象事業の決定、アセスメント方法の決定、アセスメントの実施、アセスメント結果の確定、事業の実施および環境保全措置と事後調査の実施、環境保全措置等の結果の報告と公表、という手順で行われる。その際、手続に基づいて関係する行政機関や住民の意見を求めるように努めなければならない。

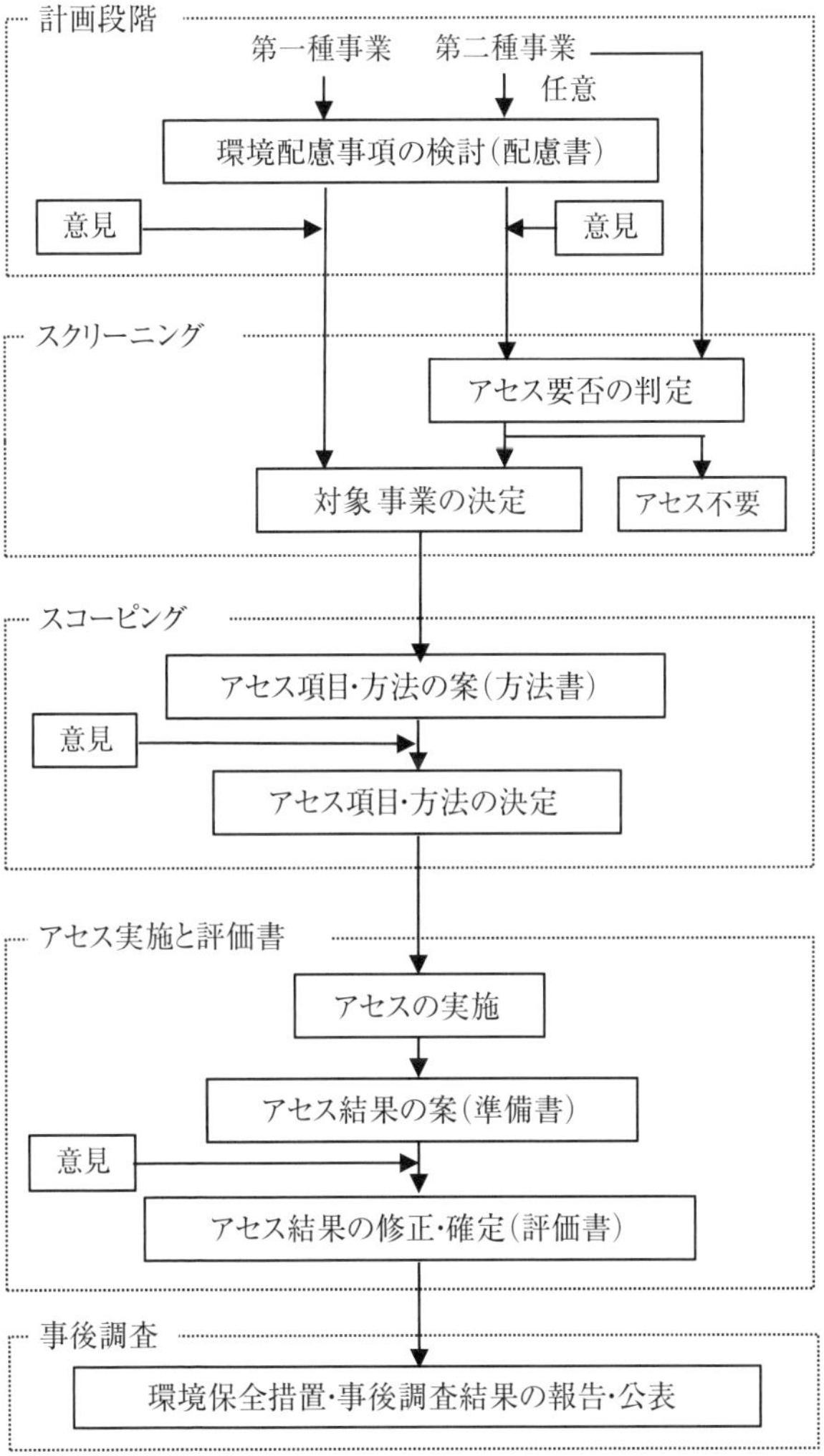


**図 7.1　環境アセスメントの手続の流れ**

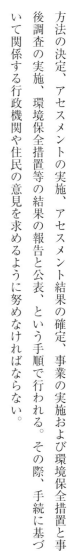

第一種事業は、事業計画の立案の段階（計画段階）において、事業実施想定区域における環境保全のために配慮すべき事項（計画段階配慮事項）について検討しなければならない。この計画段階配慮事項の検討は二〇一三年度から実施されたもので、それ以前はすでに計画された事業に対してアセスメントが行われる事業段階アセスメントであった。一方、第二種事業については義務ではなく、事業者が任意に計画段階配慮事項の検討を実施することができる、となっている。なお、計画段階配慮事項の検討は欧米で行われている戦略的環境アセスメント（Strategic Environmental Assessment：SEA）に相当するものである。

計画段階配慮事項の選定や調査・予測・評価の手法の指針は、当該事業の主務大臣（たとえば道路であれば国土交通大臣、発電所であれば経済産業大臣など）が環境大臣に協議して定める。事業者は、計画段階配慮事項の検討の結果について記載した「計画段階配慮書」（配慮書と略す）を作成し、主務大臣に提出するが、前述の通り、その際関係する行政機関や住民の意見を求めるように努めなければならない。

第二種事業ついては、事業者が届けた事業について許認可等権者が主務省令に基づき環境影響評価の実施の必要性の有無を判定（スクリーニング：screening）した上で、対象事業を決定する。対象事業となった第二種事業は、これ以降第一種・第二種の区別なく、アセスメントの対象事業として扱われる。

対象事業が決定すると、その事業者は、配慮書を作成しているときはその内容を踏まえ、事業に関係する環境影響評価の項目（大気汚染、水質汚濁、土壌汚染などの評価項目）ならびにその調査・予測・評価の手法についての絞込み（スコーピング：scoping）を行う。その結果を「環境影響評価方法書」（方法書と略す）として整理し、関係する知事および市町村長へ提出するとともに公表して意見を聴取する。

つぎに、方法書に基づき、事業者は対象事業に関係する環境影響の調査・予測・評価を実施した後、その結果について環境保全の見地からの意見を聴くための準備として「環境影響評価準備書」（準備書と略す）を作成する。その上で、関係者の意見を聴取・勘案して準備書に検討・改善を加え、主務省令に基づき「環境影響評価書」（評価書と略す）を作成し、公告し、インターネット等により縦覧する。事業者は、評価書を確定したことを公告するまでは、事業を実施することはできない。さらに、事業の実施において、評価書に記載された環境保全のための措置および事後調査の結果を報告書にまとめ、関係する知事および市町村長への提出および公表をしなければならない。

## 土壌環境に関するアセスメント技術

土壌は各種事業の施設を整備する場を提供するものである。その施設工事における切土、盛土、埋立などによる土地の改変や地下水環境の変化は、土壌の持つ機能の劣化や構造の変化をもたらすことがある。第三章で説明したように、土壌は自然環境を保全する上で重要な機能や役割を持っている。たとえば、土壌は生物の生息・生育基盤として必要な通気性や保水性を維持し、また生物の生存に不可欠な有機物や栄養成分を保持している。また、土中の土壌動物、細菌および菌類はその有機物の分解に深く関与し、土壌生態系を構成している。土壌の持つこれらの機能により生物に不可欠な生息・生育基盤が維持されているが、土地の改変等はその基盤を脅かすことになる。

さらに、有害物質を含む原材料や溶剤の保管・使用あるいは廃棄物の処理などに伴って有害物質が土壌に流出したり、施設から排出されるばい煙に含まれる汚染物質が土壌に降下したりするなど、施設の供用によって土壌の汚染が発生することもある。土壌汚染は人の健康への影響のほか、生活環境や生態系にも影響を及ぼし、結果として土壌機能の劣化につながることになる。

したがって、環境アセスメントにおける土壌環境への影響の評価は、土壌機能の変化と土壌汚染の両面からとらえる必要がある。地表面の改変や施設からの排水など、土壌機能や土壌汚染に影響する「影響要因」は、施設の工事中と供用後について事業特性を踏まえて選定する。そして、影響要因が土壌環境に及ぼす影響を適切に想定して、アセスメントの対象とする「環境要素」を検討する。具体的には、環境要素・影響要因マトリクスを作成して各項目を検討するが、その一例を**表7・2**に示す。ここでは環境要素として土壌機能（保水・通水、生態系の構成要素、生産性および物質収容などの機能）と土壌汚染を取り上げ、影響要因として工事中の森林伐採、造成工事、建設機械の稼働および車両の運行、供用後の植生・地形・水系の改変、構造物の存在、自動車の走行、地下水の取水および排水などを取り上げている。物質収容機能とは生物の生存に不可欠な有機物や栄

**表 7.2　影響要因と環境要素変化のマトリックス**

| 影響要因 ＼ 環境要素 | | 工事中 | | | | | 供用後 | | | | | | | |
|---|---|---|---|---|---|---|---|---|---|---|---|---|---|---|
| | | 森林伐採 | 造成工事 | 建設機械の稼働 | 車両の運行 | ・・・・ | 植生改変 | 地形改変 | 水系改変 | 構造物の存在 | 自動車の走行 | 地下水の取水 | 排水 | ・・・・ |
| 土壌環境 | 保水・通水機能 | ○ | ○ | | ○ | | ○ | ○ | ○ | | ○ | | | |
| | 生態系の構成要素機能 | ○ | ○ | | ○ | | ○ | ○ | | ○ | ○ | | | |
| | 生産性機能 | ○ | ○ | | ○ | | ○ | | | | ○ | | | |
| | 物質収容機能 | ○ | ○ | | | | ○ | | ○ | | | ○ | ○ | |
| | 土壌汚染 | | ○ | ○ | ○ | | | ○ | | ○ | | | ○ | |

［出典］　環境省、大気・水・環境負荷分野の環境影響評価技術検討会報告書、第 3 章土壌環境・地盤環境の環境影響評価・環境保全措置・評価・事後調査の進め方（2002）

養成分などを保持する機能を指す。なお、土壌環境への影響については、事業による影響の時間的変化や長期的・累積的な影響など、時間的な側面をとらえていくことも重要である。

環境要素‐影響要因マトリックスにおける項目間の関連を明らかにし、また項目の検討漏れを防止するためには、**図7・2**に示すようなインパクトフロー（施設・道路等の建設の例）を利用するとよい。インパクトフローにより、事業による影響要因（原因となる行為）が土壌機能や他の環境要素（想定されるインパクト）にどのような過程を経て影響を与えるか、影響の伝播経路を含めて、わかりやすく示すことができる。たとえば、構造物の建設や土壌改良材の使用が土壌構造を変化させ、それによって地下水の流れや水質が変化し、結果的に生産力の減少や生物の生息生育基盤の劣化が起こる、という具合である。

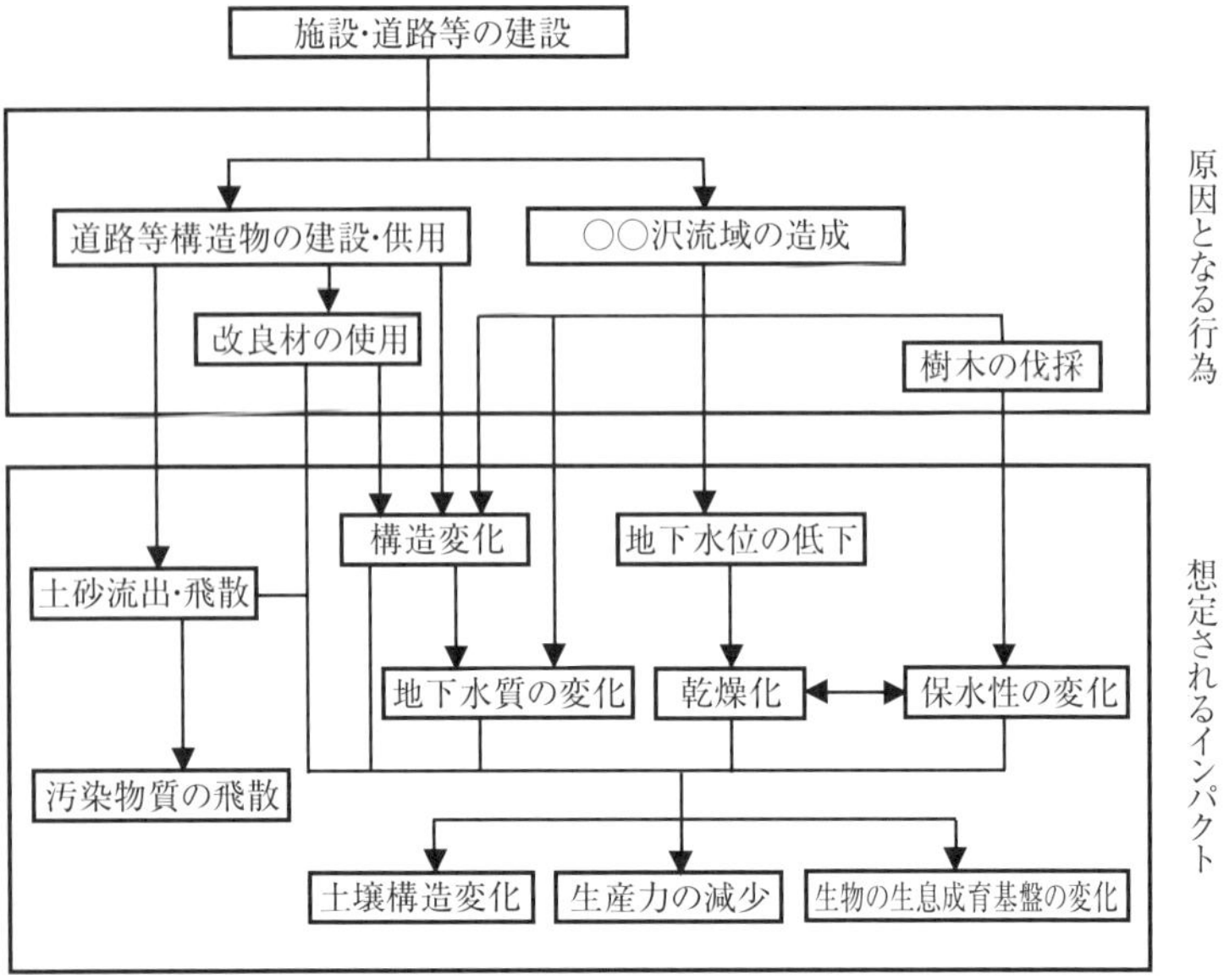


**図 7.2　施設・道路等の建設におけるインパクトフロー例**

［出典］　環境省：大気・水・環境負荷分野の環境影響評価技術検討会報告書、第 3 章土壌環境・地盤環境の環境影響評価・環境保全措置・評価・事後調査の進め方（2002）

土壌の汚染状況によっては、単に環境基準達成の状況を調査するだけではなく、土壌中での汚染物質の移動および地下水への溶出など、汚染物質の移動・拡散経路やばく露経路を検討した上で、周辺環境への影響を予測・評価することが必要となる場合もある。また、事業実施前に発生していた土壌汚染が、事業実施時点で顕在化する、あるいは問題となることもある。築地市場の移転地の豊洲の土壌・地下水汚染はその例といえる（第二章参照）。事業実施前の土壌汚染については、スコーピングにおける既存資料調査では把握できない場合もあるので、地域特性の調査段階で十分な現地調査を行うことが重要であり、またアセスメント実施段階で評価項目や手法の見直しなどが必要となることもある。

土壌汚染の状況や汚染物質の移動・拡散経路を把握するには、汚染物質の移動特性と土壌汚染の発生原因を確認する必要がある。移動特性においては、汚染物質の存在形態（溶液、粉末、混合物等）、地下水への溶出特性、化学的環境（pH、酸化還元電位等）の変化による溶出特性の変化、事業区域の地質・水文特性および土壌の吸着特性などを検討する。

汚染の発生原因においては、汚染物質の発生源と流出経路（地下ピットからの漏出、大気経由で地表に降下など）により土壌中に浸透（移動）しているか、あるいは盛土や埋立などにより運ばれて存在しているのか、などについて確認する。また、汚染土壌の移動・飛散・表面流出等の可能性についても評価する必要がある。

つぎに開発事業が土壌環境に及ぼす影響を予測する際の基本的な考え方を説明しよう。まず、予測の時期や期間について、事業による短期的な影響のほか、水環境や生態系への変化が生じるまでの時間は事業規模や取り扱う範囲によって多様であるため、事業特性や地域特性に基づく影響要因と環境要素の内容に応じて、これらの時間的・空間的なスケールも考慮に入れて設定する必要がある。

土壌環境のうち土壌機能については、土壌（地盤）の浸透能を除き、標準値や基準が設定されておらず、また土壌中のさまざまな機能との相互作用や構造的な要因によって複雑なものとなっているため、その評価については過去の類似事例を参考にするとともに、調査地域の土壌環境がどのように変遷しているのかを時系列的に把握できるように考慮することが重要である。このため、影響予測は既往の類似事例等による定性的なものとなる場合が多いが、定量的な評価についても検討する。

土壌汚染については、土壌環境基準および土壌溶出・含有量基準が設定されており、対象となる汚染物質は揮発性有機化合物、重金属等および農薬等に大きく区分されるが、それぞれの物質は土壌・地下水中での移動・溶出特性が異なる（第五章参照）。したがって、影響予測を行う場合には、これらの特性を十分理解した上で行う必要がある。ただし、影響予測においては、個別要素の多様さや相互作用を完全に理解し、予測に反映させることは不可能であるので、予測の不確実性については留意する必要がある。

土壌環境への影響の予測方法としては、既往の類似事例による定性的な予測、地下水シミュレーションモデルによる地下水流動や物質移動の解析、大気汚染シミュレーションモデルを用いた降下物の分布状況の把握、モデル実験などが考えられる。ここに、定量的な予測を行うことを目標とするが、土壌機能の多様性から定性的な評価となる場合もありえる。類似事例を参照する場合、背景となる地域特性や社会環境について対象地域との共通性や相違点を明らかにする必要がある。一方、数値解析を行う場合、初期条件の精度や設定によって予測結果が違ってくることに留意する。なお、予測条件において、生物・生態系の機能を十分に検討することも必要である。

予測地域としては、土壌は飛散や流出を除けば移動性が低いので、通常は事業実施区域を予測地域として選定する。しかし、水循環系や生物の生息・生育に対する影響が想定される場合、水循環系や生態系の予測との整合が取れるような予測地域を設定する必要がある。たとえば、土壌機能の劣化には、水循環系と密接な関係があることを考慮した予測地域の設定、大気からの降下物による土壌汚染には、ばい煙の到達範囲に留意した予測地域の設定が必要である。また、貴重な土壌の存在が確認されている場所や事業実施区域周辺での土砂流出による影響が想定される場所についても留意する必要がある。

予測時期としては、影響要因や事業特性の内容に応じて、工事の実施、土地または工作物の存在および供用に分け、それぞれ土壌への影響が最も適切に把握できる時点を設定する。また、事業により水環境や生物の生息・生育に対する影響が変化する時点についても考慮する。事業活動により生じる土壌環境の変化は、長期的な視点に立って予測・評価することが重要であり、事業開始前から事業開始後までの時系列的なデータを確保できるように留意する必要がある。

## リスク評価とは

環境汚染を引き起こす化学物質が、人の健康や生態系に悪影響を及ぼすおそれ（可能性）のことを環境リスクといい、前者は健康リスク、後者は生態リスクと呼ばれている。本章では土壌汚染による健康リスクを取り上げ、そのリスク評価の概要を説明する。

汚染の原因である化学物質に対して人の摂取経路が存在すると、化学物質による健康被害が生じる可能性、すなわち健康リスクが出てくる。健康リスクは、化学物質の有害性（ハザード）が高くなればなるほど、また化学物質のばく露量（摂取量）が多くなればなるほど高くなる。

健康リスクは概念的に化学物質の有害性とばく露量との積として表される。

健康リスク ＝（化学物質の有害性）×（化学物質のばく露量）

ここに、リスク評価では化学物質の有害性の評価とばく露量の評価が必要であり、その結果に基づきリスクを判定することになる。有害性は、疫学調査や動物実験のデータを用いて、濃度や種の違いを考慮して人へのあてはめを行い、用量と反応の関係から評価する。用量反応関係とは、**図7・3**に示すように、生物に対して化学物質を与えたときに、物質の用量（ばく露）と生物の反応（有害性）との間にみられる関係をいう。ばく露量は、汚染地域でのモニタリングや予測モデルによる推計に基づいて評価する。ばく露経路としては吸入（呼吸）、摂食（経口）および皮膚接触（経皮）などがあり、さらに土壌汚染の場合汚染土壌からの直接摂取と地下水経由の摂取がある。

用量反応関係（**図7・3**）において、無影響量とは反応（有害性）の見られない用量（ばく露量）であり、許容ばく露量との差は不確実性係数と呼ばれる安全係数を意味している。許容ばく露量は無影響量を不確実性係数で割った（安全率を考慮した）用量である。なお、反応（影響）の出ない用量の範囲を閾値と呼ぶが、発がん物質のように閾値を示さない（いくら微量でも発がん性はゼロにはならない）物質もある。

汚染という視点からは化学物質の有害性の大きさが問題になるが、健康リスクの概念式からわかるように、その摂取量が低ければリスクはゼロになることもある。言い換えれば、有害性をなくすためにはその原因物質を完全に除去する必要があるが、摂取する経路を遮断あるいは機会を減らすことにより、健康リスクを許容できる程度にまで下げることが可能となる。したがって、汚染対策として化学物質の有害性（ハザード）を許容できる濃度以下に低減するやり方（ハザード管理）と、有害性の大きさに応じて許容される摂取量を制御するやり方（リスク管理）の二つの考え方がある。これらを概念的に示したのが**図7・4**である。

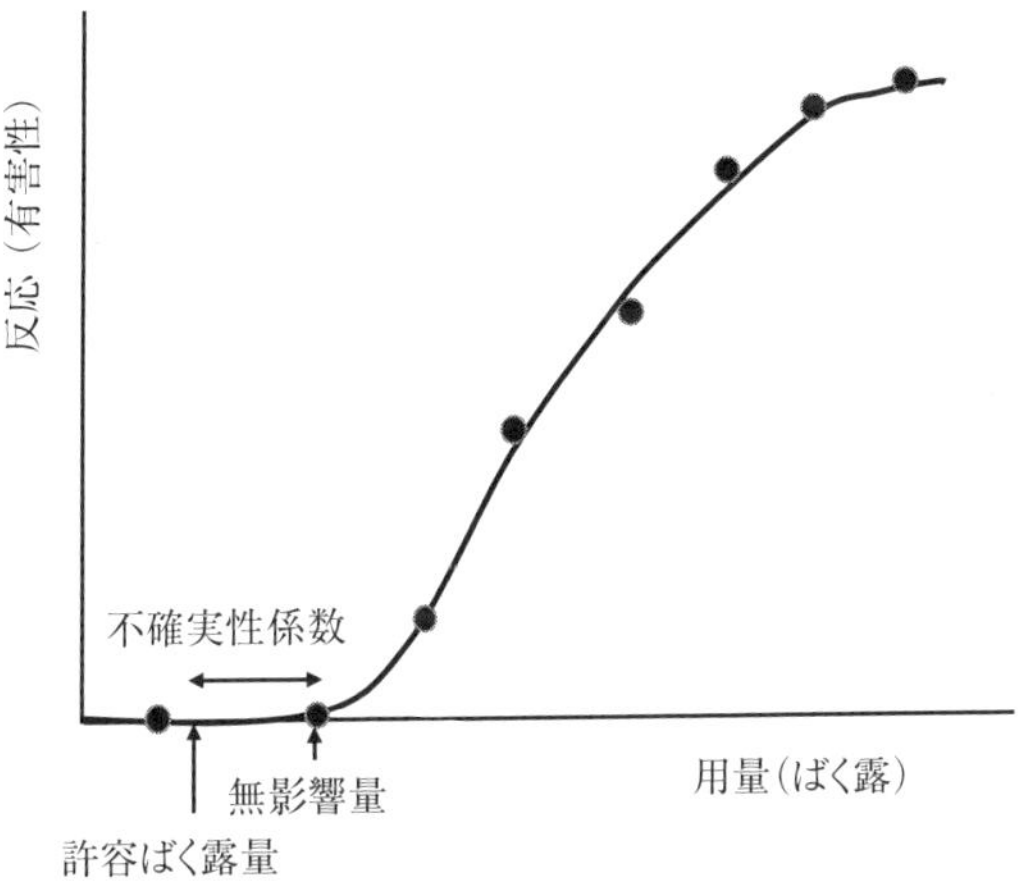


**図 7.3　用量反応関係**

ハザード管理は、化学物質の有害性に応じてその物質に対して取られる対策であり、許容できな

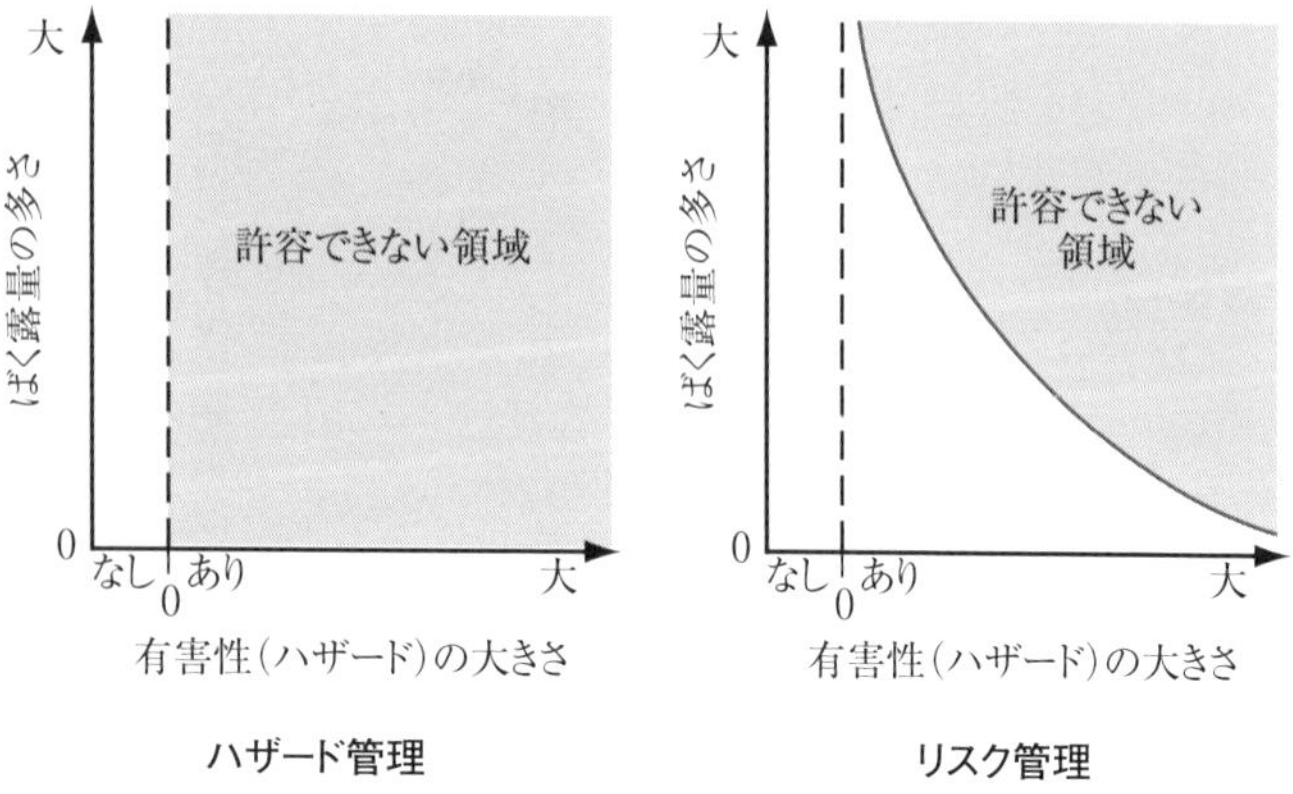


**図 7.4　健康リスクのハザード管理とリスク管理**

［出典］　土壌環境センター、リスク評価を活用した土壌・地下水汚染対策の考え方（ガイダンス）（2014）

い領域は有害性の大きさのみで決まる。逆に、許容できる濃度は、摂取経路により土壌含有量基準（直接摂取）と土壌溶出量基準（地下水経由の摂取）に適合する状態であるといえる。

一方、リスク管理は、リスク評価による健康リスクの大きさをばく露量によって調整・管理するものであり、許容できない領域は有害性の大きさとばく露量の組合わせによって決まってくる。したがって、ハザード管理で許容できないレベルの有害性でも、リスク管理では許容される領域に入るよう対策をとることが可能となる。それぞれの摂取経路に適した経路の遮断や機会の減少により、リスクを許容できるレベルにまで下げることになる。

リスクの指標としては、ばく露の余裕度（MOE）、ハザード比、生涯発がん率および損失余命等が用いられている。ばく露の余裕度は無影響量とばく露量との比、ハザード比はばく露量と許容ばく露量との比で表され、これらの指標は閾値を示す物質に対して用いられている。生涯発がん率は閾値を示さない発がん物質に対して用いられ、目安となるリスクとして $10^{-5}$ または $10^{-6}$（一〇万人に一人または一〇〇万人に一人の確率）が用いられている。損失余命等は閾値の有無に関係なくすべての物質を対象としており、影響の発現による余命等の損失で評価している。リスク指標の詳細は他の専門書に譲る。

土壌汚染の場合、健康リスクの汚染物質には、人為的要因によるもののほか、自然由来のものも少なくない。汚染土壌の浄化や掘削除去などの措置には多額の費用が掛かり、また自然由来の汚染は対策を取りにくい。したがって、土壌汚染対策が目指すのは、必ずしも汚染土壌あるいは汚染物質を完全になくすことではなく、汚染物質による健康リスクを許容される範囲内に低減すること、つまりリスク管理である。この考え方は全般的に環境汚染の対策にいえることでもある。

## リスクコミュニケーション

リスクコミュニケーション（Risk Communication）とは、「事業活動により排出される汚染物質等による環境リスクに関する情報を自治体、事業者および住民が共有して、そのリスクに関して相互に意思疎通を図ること」である。リスクコミュニケーションにおいては、正確なリスク情報を事業者と住民が共有することが重要であり、事業者が一方的に住民を説得して汚染物質の排出を認めさせるものではなく、また住民が必ずしも汚染土壌あるいは汚染物質を完全になくすことを求めるものでもない。

土壌汚染の場合、汚染物質は地下の土壌中に存在しているので、住民からは汚染の存在がわかりにくい。もし事業者により情報が公表されなければ、汚染の状況や健康影響の程度などがわからないままになる。その状態で汚染が発覚すると、住民は不安から過度に汚染の影響をおそれ、事業者に対して強い不信感を抱くことになり、ひいては汚染対策の実施や事業活動の継続にも少なからず影響を及ぼすことになる。事業活動による土壌汚染が発生した場合、事業者にとっても住民にとっても、リスクコミュニケーションは相互の信頼関係の下に汚染対策を進めるために重要なプロセスである。

自治体はリスクコミュニケーションにどのようにかかわるのであろうか。土壌汚染対策法において、自治体は指定区域の指定や公示などの重要な役割を担っているが、事業者と住民とのリスクコミュニケーションに直接関与することは定められていない。リスクコミュニケーションは事業者が自ら行うものであり、自治体はその実施を奨励し、助言や指導など、第三者としての客観的な立場でかかわることになる。

事業者による土壌調査から汚染対策の実施およびリスクコミュニケーションの流れの一例を**図7・5**に示す。事業者は、土壌汚染対策法や自治体の条例に基づき、あるいは自主的に、土壌調査を行う（第五章の土壌汚染状況調査を参照）。その結果、指定基準を超える汚染のあることがわかっ

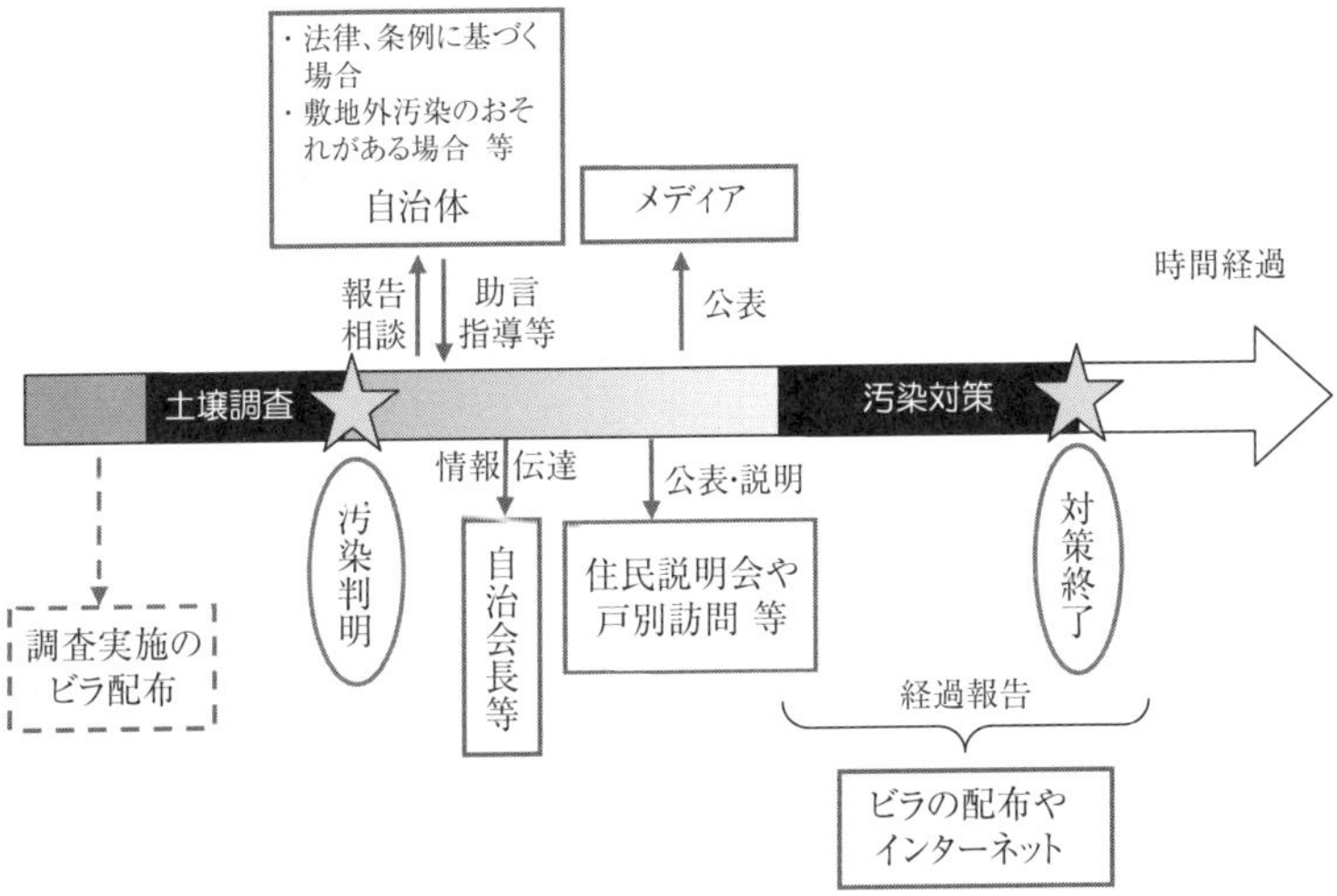


**図 7.5　土壌汚染対策とリスクコミュニケーションの流れ**

［出典］ 環境省水・大気環境局：土壌汚染に関するリスクコミュニケーションガイドライン(2008)

た場合、自治体に調査結果を報告し、汚染状況、摂取経路の有無、住民の健康への影響および汚染対策などを検討する。その上で、土壌汚染による健康影響や汚染対策などの情報を住民に公表し、事業者と住民とのリスクコミュニケーションを適切な手段・時機・回数で行う必要がある。

情報の公表手段としては、説明文書の配布・回覧、住民説明会や戸別訪問などがあり、住民に公表したら速やかに新聞などメディアへの発表を行う。汚染の発覚から情報の公表までの時間や住民とメディアに対する順序は重要であり、メディアの発表が先になると、最初から住民の不信感を招くことになりかねない。住民説明会は地域の中心となる自治会長等と事前相談をしながら進め、また汚染地域の近隣の自治会長や地元議員などの出席を含めて開催するとよい。

住民説明会での事業者と住民との対話や理解を促進するため、対話の促進役（ファシリテーター）や専門的内容の解説役（インタープリター）など、第三者の専門家の活用が望まれる。これらの専門家としては、土壌調査を行う指定調査機関の職員や学識経験者などの任用が考えられる。

土壌調査と汚染情報の公表が済むと、事業者は汚染対策に着手することになる。具体的な汚染対策は第五章と第六章で説明した通りである。その際、住民に対して適宜汚染対策の経過報告や事後報告を行い、ここでもコミュニケーションを適切に取りながら進めることが重要である。

# 第八章　土壌汚染対策の課題と提言

土壌汚染対策として、汚染土壌の掘削除去などの「汚染の除去」のみならず、封じ込めによる摂取経路の遮断、すなわち「汚染の管理」も有効な手段であるが、現実には土地売買の際に汚染の除去が求められることが多い。この現実が土壌汚染対策費を多額なものとし、結果として汚染対策を取れないまま土地活用の困難なブラウンフィールドになることにつながっている。

本章では、まず土壌汚染対策の実態と課題について整理し、そしてブラウンフィールド問題の背景にある要因を明らかにするとともに、現行の土壌汚染対策が抱える問題に対するいくつかの提言を行う。

## 汚染対策の実態と課題

土壌汚染対策法に基づき指定された要措置区域は、第五章で説明したように、汚染の除去等の措置をとることが求められる。その措置にはさまざまな方法（**表5・4**参照）があるが、大別すると覆土、土壌入れ換えおよび封じ込めなどの「汚染の管理」と掘削除去や原位置浄化などの「汚染の除去」に分けられる。ここに、汚染の除去は言い換えればハザード管理であり、汚染の管理はリスク管理における有害物質の摂取（ばく露）経路の遮断や管理に当たる。第七章でも述べたように、汚染対策の基本はリスク管理、つまり汚染の管理であるとされているが、現状としては汚染の管理が行われている事例は非常に少ない。

要措置区域で実際に取られた汚染対策の措置を事例件数で整理すると**表8・1**の通りである。措置の事例としては掘削除去が圧倒的に多く、二〇一七年度で三五七件の事例に対して八五％、八年間の累計でも三三五三件の七八％を占めている。掘削除去のうち約八〇％が重金属等（第二種特定有害物質）の基準の不適合事例である。重金属等による汚染は、事例数が多いことのほか、比較的浅い表層の汚染が多いことおよび原位置での分解や無毒化などの浄化が困難なことから、第一種・第三種特定有害物質より掘削除去が選ばれることが多い。また、原位置浄化を含む汚染の除去が全事例に占める割合は、二〇一七年度で九〇％、八年間の累計で八五％になる。

つまり、汚染の管理による措置事例は一五％以下に留まっており、前述の措置の現状を裏付けている。なお、汚染の管理で比較的事例数の多いのは、地下水の摂取リスクに対して地下水水質測定、直接摂取リスクに対して舗装となっている。

掘削除去の措置を取った場合、除去した汚染土壌は処理施設にて処理をしなければならない。したがって、掘削除去の措置に掛かる費用は他の措置よりかなり高額になるといわれている。それに

### 表 8.1　要措置区域での土壌対策実施状況

| 区分 | | 措置 | 総件数 | | 重金属等件数[1] | |
|---|---|---|---|---|---|---|
| | | | 2017 年 | 累計[2] | 2017 年 | 累計[2] |
| 汚染の管理 | 直接摂取 | 舗装 | 10 | 139 | 8 | 106 |
| | | 立入禁止 | 3 | 78 | 2 | 64 |
| | | 土壌入換え | 2 | 53 | 2 | 45 |
| | | 盛土（覆土） | 1 | 59 | 1 | 44 |
| | | 地下水水質測定 | 43 | 443 | 33 | 333 |
| | 地下水の摂取 | 原位置封じ込め | 2 | 16 | 2 | 7 |
| | | 遮水工封じ込め | 0 | 10 | 0 | 4 |
| | | 地下水汚染拡大防止 | 0 | 35 | 0 | 4 |
| | | 遮断工封じ込め | 1 | 2 | 1 | 1 |
| | | 不溶化 | 1 | 32 | 0 | 13 |
| 汚染の除去 | | 掘削除去 | 305 | 2 630 | 240 | 2 095 |
| | | 原位置浄化 | 16 | 211 | 0 | 23 |
| その他 | | | 7 | 129 | 3 | 98 |
| 合計 | | | 357 | 3 353 | 276 | 2 536 |

注）　1）総件数のうち重金属等（第二種特定有害物質）基準の不適合の事例
　　　2）累計は 2010 年～ 2017 年の 8 年間の累計件数
［資料］　環境省水・大気環境局、平成 29 年度土壌汚染対策法の施行状況及び土壌汚染調査・対策事例等に関する調査結果、2017 年

もかかわらず掘削除去が選ばれている理由は何か。

土壌汚染が存在する土地の売買において、買主が汚染の管理の措置を認めた例は非常に少なく、ほとんどの買主は売主に汚染の除去を求めるとの調査報告がある。これは買主の汚染に対する不安が背景にあると考えられる。具体的には、汚染の管理による措置が取られた土地に対して、売却の際の土地の評価額の低下、土地利用上の制約、汚染のモニタリングや措置の維持管理の費用などに関する不安である。また、汚染の管理に

よる措置をとった場合、汚染土壌はその土地に残るので、土壌汚染対策法による指定区域の指定は解除されない。このことも少なからず影響している。このほか、周辺住民から汚染土壌の完全除去を要求されることもあろう。

土地売買の際に汚染の除去を求められるという現実が、多額な土壌汚染対策費のために汚染対策を取れないまま土地活用の困難なブラウンフィールドを発生させる要因になっている。このままではこの問題に解決の道は見えてこない。なお、ブラウンフィールドについては次節で説明する。

## ブラウンフィールド問題

ブラウンフィールド（BFと略す）は、「土壌汚染の存在、あるいはその懸念から、本来その土地が有する潜在的な価値よりも著しく低い用途あるいは未利用となった土地」（環境省・二〇〇七年）のことであり、土地利用における大きな問題となりつつある。BFが発生する要因としては、土地の資産価値と土壌汚染対策費がかかわっており、土地の資産価値に占める土壌汚染対策費の割合が高くなるほど発生しやすい。具体的には、土壌汚染対策費が土地価格の三割を超えると土地売却が困難になり、土壌汚染地の約四分の一がBF化するといわれている。このため、大都市より土地の資産価値の低い地方都市の方がより深刻な問題となる可能性がある。

BFの定義は国によって違いがあり、米国は日本の環境省とほぼ同義であるのに対して、英国は

「これまでに開発され使用されていた土地で、土壌汚染を含むさまざまな要因によって現在では十分に利用されていない土地」のことをいう。英国では、必ずしも土壌汚染だけでなく、それ以外の要因によるものも含めて、現在十分利用されていない土地として扱われている。

わが国において、BFの潜在的規模はどれくらいのものであろうか。環境省の試算（「土壌汚染をめぐるブラウンフィールド問題の実態等について」中間とりまとめ・二〇〇七年）によると、BFは土地の資産規模で約一〇・八兆円、面積で約二・八万ヘクタールと推定されている。この面積は東京都区部の面積約六・二万ヘクタールの半分弱に相当する広さであり、また土壌汚染対策の費用は約四・二兆円（汚染土壌の掘削除去を想定した場合）と推定される。ただし、この試算は二〇〇三年に示された土地資産情報と土壌汚染調査研究結果等をもとにしており、第一章の**図1・2**に示したように、近年土壌汚染の発生件数は増加しており、現在ではBFの規模がさらに拡大している可能性がある。

この試算は、前述の「土壌汚染対策費が土地価格の三割を超えると土地売却が困難になり、土壌汚染地の約四分の一がBF化する」という前提に基づいている。しかし、BF発生の要因は、土壌汚染対策費が多額となることのみではなく、汚染の発生を自ら公表できない場合もある。逆に、土地売却が困難であったとしても、賃貸借による土地の利用が可能な場合も考えられる。したがって、BFを取り巻く状況によって、その潜在的規模は変化することもある。

BFが発生した場合の影響としては、環境への影響、地域コミュニティへの影響および街づくりへの影響が考えられる。環境に対しては、土壌汚染が放置されると、人の健康や生態系への影響が懸念される。地域コミュニティに対しては、有害物質の拡散による周辺地域の汚染に対する懸念から、地域コミュニティの混乱や活力低下が想定される。また、街づくりでは、再開発が阻害され、土地の有効活用が図られないため、都市周辺部の農地や緑地（グリーンフィールド）への開発の圧力を強めることになることが考えられる。

近年、土壌汚染は不動産鑑定評価でも考慮されており、土壌汚染がないとした場合の土地の価値から土壌汚染対策費とスティグマ（心理的嫌悪感等から生ずる減価要因）を差し引いて地価を算定しており、土地取引に少なからず影響している。ただし、スティグマによる減価率については、現時点で客観的データがほとんどないため、嫌悪施設等に経験的に採用している数値を参考にしている。

このほか、金融取引の面でも金融機関が不動産担保評価において、土壌汚染対策費を担保評価に反映する動きがある。また、企業会計の会計基準においては、今後、土壌汚染を債務としてとらえるようになる可能性もある。

このように、BF問題は、土壌汚染という環境問題としてだけでなく、社会的・経済的な問題としても認識することが重要である。

## 土壌汚染対策への提言

土壌汚染対策に取組むにあたって、土壌汚染が環境問題であるのはもとより、都市再生や地域活性化にかかわる社会的・経済的な問題でもあることを踏まえ、多面的な視点から対処する必要がある。具体的には、リスク管理による土壌汚染対策の推進、土壌汚染対策と都市再生計画との一体的な取組み、自治体・事業者・住民の三者によるリスクコミュニケーション、土壌汚染の自主的な調査・対策に対する信頼性の担保など、戦略的な対処が望まれる。

本節では、現行の土壌汚染対策が抱える問題に対して、各種の関連報告書等で提示されている汚染対策の在り方を含めて、基本的な対処の考え方を提言として整理する。ただし、放射性物質による土壌汚染は対象としていない。

土壌汚染対策で実際に取られている措置としては、前節で紹介した通り、ほとんどの事例で掘削除去が行われており（現実には行わざるを得ない状況にあり）、今後、多くの工場等跡地が汚染対策費の増大によりＢＦ化することが懸念されている。かつて高度経済成長期を支えてきた重厚長大型産業の用地に対して、大規模な土地利用転換が見込まれる地域は少なくない。また、少子高齢化や地方経済の低迷により、各地で土壌汚染が懸念される工場、クリーニング店およびガソリンスタンドなどの閉鎖も起きており、虫食い状態で残る未利用の跡地も大きな社会問題となってくる。

したがって、土壌汚染対策において、跡地の利用目的によってはリスク管理（汚染の管理）に基づく対策を実際に取れるよう、制度の見直しや行政の支援が必要であると考える。たとえば、跡地を小学校や病院の建設に使うのであれば汚染の除去が必要かもしれないが、駐車場や非食品倉庫ならばく露経路の遮断で済むはずである。そのためには、土壌汚染対策と跡地利用を都市再生の問題としてとらえ、都市計画と一体的に推進できるシステムを構築する必要がある。

アメリカ、イギリスおよびスウェーデンなどでは、土壌汚染の存在する低・未利用の土地に対して、リスク評価に基づき、都市計画と一体化した再生の取組みを行っており、これらの例は大いに参考になる。ブラウンフィールドの再生を、持続可能な開発に寄与する政策と位置づけて都市再生事業を行っている。

米国の土壌汚染対策は、一九八〇年・八六年のスーパーファンド法による汚染土壌の浄化に始まり、二〇〇二年の「小規模事業者の責任免除とブラウンフィールド再活性化法（ブラウンフィールド法）」や二〇一八年の「ブラウンフィールド利用、投資、地方開発法」の制定により、土壌汚染対策を進めながら産業跡地やウォーターフロントの開発を推進している。小規模事業者の免責に対しては、基金（スーパーファンド）で対策費用を負担する。また、リスク評価に基づく浄化基準を設定して、経済的に成立するブラウンフィールド再生を推進している州も多い。

イギリスでは、土壌汚染の規制・対策が環境保護法と都市計画法の両方に規定されており、それぞれの所管機関が汚染地の指定を協議して、共通のリスク評価手法（ＣＬＥＡ）を用いるなど、土壌汚染対策と都市計画規制が一体的に行われている。リスク評価においては、汚染物質、経路、受容体およびばく露時間の関係など、現場ごとのリスクを包括的に判断して対策を決めている。汚染対策費用に対する基金はないが、汚染地を開発した場合は税の軽減措置が取られる。

スウェーデンでは、汚染地に対して汚染のリスク、汚染の程度、汚染物質の移動性、保全する価値などを評価し、汚染地を危険度一（非常に高いリスク）から四（低いリスク）までの四段階に分類している。この危険度に基づき最適な汚染対策を選択し、環境保護庁と国家住宅建築計画庁が共同で都市再生を進めている。

これらの諸外国の例とは異なり、わが国の土壌汚染対策は都市再生政策とは別に実施されている。また、現行の土壌汚染対策法に基づく土壌の基準は、土地利用や地下水利用の状況に関係なく一律に設定されている。土地利用の用途および人の健康リスクに応じた汚染対策が取れるよう、段階的な土壌基準（たとえば類型に区分した基準）や汚染土壌の浄化目標値を設定し、リスク評価に基づく汚染対策と汚染地の再利用を図ることにより、現実味のある政策を推進することが可能になると考える。

都市計画と一体化した土壌汚染対策において、汚染土壌のリスク管理を実効あるものにするためには、事業者と住民との意思疎通だけでなく、自治体・事業者・住民の三者によるリスクコミュニケーションを図ることが必要であり、自治体は都市再生の当事者として主導的に参加することが重要である。現行のリスクコミュニケーションにおいては、自治体は事業者と住民との仲立ちをする第三者的立場としてとらえられており、これでは都市計画との一体的対策はとれない。また、住民には、汚染に対して単に不安に駆られることなく、汚染対策に対する正しい知識と理解が求められている。

ところで、土壌汚染状況調査のうち約八割は法や条例に基づかない自主的な調査であることが報告されており、その土壌汚染対策も多くは法や条例の適用を受けない自主的な対策となる。法や条例に基づく対策の場合、届出書に汚染土壌の搬出先や処理方法の明記が求められており適正な処理が確保できるが、届出書が求められない自主的な対策においては、汚染土壌の処理実態を必ずしも十分に把握できない。自主調査に対して、調査方法や汚染対策の確認など、情報の入手と信頼性を担保していくしくみが必要である。

その上で、土地売買において土壌汚染に関する情報を新たな土地所有者等に適切に引き継いでいくことが重要である。これは、不要な再調査を回避し、また新たな土地所有者等が汚染の管理の措置が取られていることを知らずに土地の改変を行い、汚染土壌が掘り起こされて飛散したり、外部に搬出されてしまったりするなどのリスクを避けるためである。さらに、自主的な調査・対策の情報を集積・開示して、土壌汚染対策やBF問題の対処に生かしていくことも重要である。

土壌汚染対策においては、汚染土壌を除去・浄化して原状回復させることが望ましいが、多額の費用が掛かるために対策を取れずに放置されると、取り返しのつかない状況に陥るおそれがある。ここに提示した対処の考え方は、けっして原状回復を軽視するものではなく、さらに悪化する事態を避けるために、汚染のリスクを適切に管理し、土地活用を図ることでその管理を経済的に支えることを基本としている。いうまでもなく、汚染の管理は一時的なものではなく、継続される必要があり、またその情報の開示と継承が重要であることも忘れてはならない。さらに、将来的に土地利用の用途を変更する場合、最終的には汚染の除去を行う必要が出てくる可能性があり、汚染者負担の原則に基づく費用負担の準備も重要である。行政にはそのしくみづくりが求められている。

# 参考文献


## 第一章

田中修三・西浦定継：基礎から学べる環境学、共立出版、二〇一三年
環境省編：平成三〇年版環境白書、日経印刷、二〇一八年
環境省：平成二八年度 土壌汚染対策法の施行状況及び土壌汚染調査・対策事例等に関する調査結果、二〇一八年
環境省編：平成二四年版環境白書、日経印刷、二〇一二年
鷹取敦・河田英正：小鳥が丘団地土壌汚染問題の経緯と土壌汚染の実態、環境行政改革フォーラム論文集、第二巻二号、二〇〇九年
中地重晴：ＰＣＢによる環境汚染の現状と環境監視等の課題、環境技術、第三四巻二号、二〇〇五年

## 第二章

田中修三・西浦定継：基礎から学べる環境学、共立出版、二〇一三年
広瀬武：公害の原点を後世に（入門・足尾鉱毒事件）、随想舎、二〇〇一年
髙石雅樹・大嶋宏誌・浅野哲：足尾銅山が引き起こした鉱害における環境およびヒトへの影響、国際医療福祉大学学会誌、第二〇巻二号、二〇一五年
富山県立イタイイタイ病資料館：バーチャル展示室、富山県立イタイイタイ病資料館ホームページ、二〇一七年閲覧
東京都環境局：六価クロム汚染土壌対策、東京都環境局ホームページ、二〇一七年閲覧
江戸川区環境推進課：六価クロム鉱さいによる汚染土壌、江戸川区ホームページ、二〇一六年
江東区環境清掃部環境保全課：六価クロム鉱さい問題、江東区ホームページ、二〇一七年
尾崎宏和・大野由芙子・一瀬寛・渡邉泉：江戸川区小松川の工場跡地付近における六価クロムの長期高レベル漏出、人間と環境、第四一巻一号、二〇一五年
石川靖：鉱滓から流出した六価クロム濃度の追跡調査結果、北海道環境科学研究センター所報　第三二号、二〇〇五年
東京都中央卸売市場：豊洲新市場予定地における土壌汚染対策等に関する専門家会議報告書のあらまし、東京都中央卸売市場ホームページ、二〇〇八年
東京都中央卸売市場：豊洲新市場予定地の土壌汚染対策工事に関する技術会議 会議録、東京都中

央卸売市場ホームページ、二〇一七年閲覧
東京都中央区政策企画課：築地市場再整備問題の経緯と区の取り組み、中央区ホームページ、二〇一七年閲覧
環境省編：平成二四年版環境白書（第一章文献）
Richard S. Newman（評者 鈴木玲）：Love Canal, A Toxic History from Colonial Times to the Present、大原社会問題研究所雑誌、六九九、二〇一七年
Center for Health：Environment and Justice, Love Canal, Center for Health, Environment and Justice ホームページ、二〇一七年閲覧
黒坂則子：アメリカの土壌汚染浄化政策、日本不動産学会誌、第二三巻三号、二〇〇九年
志田慎太郎：米国スーパーファンド法に学ぶ土壌汚染対策、安全工学、第四三巻一号、二〇〇四年
姉崎正治・三好恵真子：中国の重金属汚染土壌の現状と今後の対策に向けて、大阪大学中国文化フォーラム・ディスカッションペーパー、二〇一一年
庄国泰：中国の土壌汚染の現状と防止対策、Science Portal China、二〇一五年
産業環境管理協会：土壌環境の保全に関する動向調査、経済産業省委託調査報告書、二〇一四年
Bonten L.T.C.：Improving Bioremediation of PAH Contaminated Soils by Thermal Pretreatment, Thesis Wageningen University, 2001
赤堀勝彦：最近の環境法規制のもとにおける企業のリスクマネジメント、神戸学院法学、第三八巻

一号、二〇〇八年
竹ケ原啓介・長谷部賢：ドイツにおけるブラウンフィールド再開発、日本政策投資銀行「調査」、第九一号、二〇〇六年
ミー・ドアン・タカサキ（内田正夫訳）：ベトナムの枯れ葉剤／ダイオキシン問題、和光大学リポジトリ、二〇〇六年
元百合子：ベトナム戦争における米国の戦争犯罪、日本国際法律家協会機関紙、二〇〇七年
沖縄市：特集・沖縄市サッカー場土壌等調査報告、広報おきなわ、四七一号、二〇一三年
ジョンミッチェル（阿部小涼訳）：日米地協定と基地公害、岩波書店、二〇一八年
ジョンミッチェル（阿部小涼訳）：追跡・沖縄の枯れ葉剤、高文研、二〇一五年

**第三章**

日本地下水学会編：地下水用語集、二〇一一年
登坂博行：地圏の水環境科学、東京大学出版会、二〇〇六年
地下水問題研究会編：地下水汚染論　その基礎と応用、一九九一年
新潟県農林水産部：新潟県における土づくりのすすめ方、二〇〇五年
山根一郎：土壌の組成とはたらき、URBAN KUBOTA NO.13、クボタ、一九七六年
和穎朗太他：土壌団粒構造と土壌プロセス、日本土壌肥料学雑誌、第八五巻三号、二〇一四年

松本聡：土壌の機能、地球環境、第一五巻一号、二〇一〇年
和田信一郎：土壌中における重金属類の動態、地球環境、第一五巻一号、二〇一〇年
松本聡：日本の汚染土壌の全体概要、地球環境、第一五巻一号、二〇一〇年
農土誌講座、土のコロイド現象の基礎と応用（その一～その三）、農土誌、第六六巻一号、一九九八年
上原誠一郎：粘土基礎講座一 粘土の構造と化学組成、粘土科学、第四〇巻一号、二〇〇〇年
佐藤努、粘土基礎講座一 粘土の特性と利用、粘土科学、第四一巻一号、二〇〇一年
藤井一至：土 地球最後のナゾ、光文社新書、二〇一八年
環境省：地下水汚染の未然防止のための構造と点検・管理に関するマニュアル（第一・一版）参考資料一一 地下水汚染のメカニズムと汚染事例、環境省 水・大気環境局土壌環境課地下水・地盤環境室、二〇一三年
平田健正：わが国の土壌汚染と対策技術、廃棄物学会誌、第一四巻二号、二〇〇三年
石黒宗秀・岩田進午：土の中の物質移動（その四） 土中におけるイオンの交換吸着現象、農業土木学会誌、第五六巻 一〇号、一九八八年
福士圭介：先進的表面錯体モデリングによる酸化物への陰イオン吸着挙動の予測、地球化学、第四五巻、二〇一一年
木村眞人：土壌中の微生物とその働き（その一）、農土誌、第五九巻四号、一九九一年

金子信博：土壌の生成と土壌動物、化学と生物、第四二巻六号、二〇〇四年
片山新太：有機塩素化合物の微生物分解、地球環境、第十五巻一号、二〇一〇年
片山新太他：土壌汚染と微生物多様性、土と微生物、第五九巻二号、二〇〇五年
矢木修身・内山裕夫：微生物によるクロロエチレン類の分解、土と微生物、第三七号、一九九一年
松尾寿峰他：シアン汚染土壌に対応した土壌洗浄法、建設の施工企画、二〇一一年
王寧他：シアンの環境特性及び各種分析法に関するISO/TC190規格制定の現状、第二二回地下水土壌汚染とその防止対策に関する研究集会講演集、二〇一六年
日本環境協会：事業者が行う土壌汚染リスクコミュニケーションのためのガイドライン、参考資料（B）土壌汚染対策法の特定有害物質の用途・環境基準等の情報、二〇一七年
国土交通省：建設工事における自然由来重金属等含有岩石・土壌への対応マニュアル（暫定版）二〇一〇年
環境省環境管理局水環境部：土壌汚染対策法の施行について、環水土第20号、2003年
環境省水・大気環境局：土壌汚染対策法の一部を改正する法律による改正後の土壌汚染対策法の施行について、環水大土発第100305002号、二〇一〇年
環境省水・大気環境局土壌環境課：自然的原因による土壌汚染に係る法第4条第2項の調査命令発動要件について、環水大土発第110225001号、二〇一一年
環境省水・大気環境局：土壌汚染対策法の一部を改正する法律の一部の施行等について、環水大土

発第1712271号、二〇一七年

**第四章**

田中修三・西浦定継：基礎から学べる環境学、共立出版、二〇一三年
松尾友矩編・田中修三他：水環境工学、オーム社、二〇一七年
中西友子：土壌汚染　フクシマの放射性物質のゆくえ、NHK出版、二〇一四年
環境省：放射線による健康影響等に関する統一的な基礎資料、二〇一六年度版
高度情報科学技術研究機構（RIST）：放射性廃棄物の発生源・発生量と安全対策の概要（二〇一二年更新）、RISTウエブサイト-ATOMICA
環境省：放射性物質に汚染された廃棄物の処理に向けて、二〇一六年
日本学術会議：高レベル放射性廃棄物の処分について、二〇一二年
経済産業省資源エネルギー庁放射性廃棄物対策課：放射性廃棄物と地層処分のHP、二〇一二年
国立環境研究所：東日本大震災後の災害環境研究の成果　第四章、二〇一三年
農林水産省：農地除染対策の技術書、農林水産省、二〇一三年
西澤邦秀・實吉敬二：福島第一原発事故によって汚染された土壌中の放射性物質の除去に関する中間報告、日本放射線安全管理学会誌、第一〇巻二号、二〇一一年
IISORA放射能調査チーム：飯舘村放射能汚染状況調査の報告、飯舘村放射能エコロジー研究

会、二〇一七年

第五章

環境省：土壌環境基準、環境省ウエブサイト、二〇一八年
環境省：土壌汚染対策法施行規則の一部を改正する省令案の概要、二〇一八年
環境省・日本環境協会：土壌汚染対策法のしくみ、二〇一八年
環境省水・大気環境局：土壌汚染対策法に基づく調査及び措置に関するガイドライン（改訂第2版）、二〇一二年
環境省水・大気環境局：改正土壌汚染対策法の説明会資料、二〇一七年
環境省：土壌溶出量調査に係る測定方法を定める件、環境省告示第一八号、二〇〇三年
環境省水・大気環境局：ダイオキシン類に係る土壌調査測定マニュアル、二〇〇九年
環境省 水・大気環境局：ダイオキシン類汚染土壌に起因する地下水経由での摂取による影響への対応に係る技術的留意事項、二〇一八年
富岡祐一・広吉直樹・恒川昌美：ヒ素化合物に由来する環境汚染と修復に関する研究の動向、環境資源工学、五二巻、二〇〇五年
中央環境審議会：土壌汚染対策法に係る技術的事項について（答申）、二〇〇二年
日本環境協会：事業者が行う土壌汚染リスクコミュニケーションのためのガイドライン、二〇一七

年
日本環境協会：日本環境協会ウェブサイト、土壌汚染状況調査の流れ、二〇一八年


## 第六章

環境省水・大気環境局：汚染土壌の処理業に関するガイドライン（改訂第2版）、二〇一二年
環境省令第十号、汚染土壌処理業に関する省令、二〇一八年
環境省水・大気環境局：汚染土壌処理業の許可審査等に関する技術的留意事項、二〇一三年
環境省環境管理局：指定区域から搬出する汚染土壌の取扱いについて、環水土第二五号、二〇〇三年
環境省：搬出する汚染土壌の処分方法を定める件、環境省告示二〇号、二〇〇三年
日本機械工業連合会・産業と環境の会：平成一九年度土壌汚染対策に関する動向調査報告書、二〇〇八年


## 第七章

環境省環境影響評価課：環境アセスメント制度のあらまし、二〇一八年
環境省：計画段階配慮手続に係る技術ガイド、二〇一三年
環境省：大気・水・環境負荷分野の環境影響評価技術検討会報告書、第三章土壌環境・地盤環境の

環境影響評価・環境保全措置・評価・事後調査の進め方、二〇〇二年
環境省水・大気環境局：土壌汚染に関するリスクコミュニケーションガイドライン、二〇〇八年
日本環境協会：事業者が行う土壌汚染リスクコミュニケーションのためのガイドライン、二〇一七年
土壌環境センター：リスク評価を活用した土壌・地下水汚染対策の考え方、二〇一四年
環境省水・大気環境局：土壌汚染に関するリスクコミュニケーションガイドライン、二〇〇八年
中西準子他編集：環境リスクマネジメントハンドブック、朝倉書店、二〇〇三年
土壌環境センター：リスク評価を活用した土壌・地下水汚染対策の考え方（ガイダンス）、二〇一四年
蒲生昌志：化学物質のリスク評価の現状と課題、環境省「化学物質と環境円卓会議（第六回）」、二〇〇三年
蒲生昌志：リスク評価の方法論と展望、産業技術総合研究所化学物質リスク管理研究センター「詳細リスク評価書出版記念講演会」、二〇〇六年
中嶋誠他：土壌汚染対策におけるリスク評価の適用性の検討（その五）、第一三回地下水・土壌汚染とその防止対策に関する研究集会講演集、二〇〇七年
細見正明：土壌汚染のリスク評価とリスク管理、日本環境協会「土壌汚染対策セミナー」、二〇一三年

## 第八章

環境省：土壌汚染をめぐるブラウンフィールド問題の実態等について　中間とりまとめ、土壌汚染をめぐるブラウンフィールド対策手法検討調査検討会、二〇〇七年
武井義久：土壌汚染対策の現状と将来展望、科学技術動向研究、二月号、二〇一〇年
髙橋彰：都市再生にかかわる日英のブラウンフィールド対策に関する研究（博士学位論文）、大阪大学大学院工学研究科、二〇一三年
国土交通省社会資本整備審議会：新しい時代の都市計画はいかにあるべきか（第一次答申）、二〇〇六年
国土交通省社会資本整備審議会：新しい時代の都市計画はいかにあるべきか（第二次答申）、二〇〇七年
保高徹生他：日本におけるブラウンフィールド発生確率の推定、環境科学会誌、二一（四）、二〇〇八年
東京都環境局：東京都における土壌汚染の課題と対策の方向性について、土壌汚染に係る総合支援対策検討委員会報告、二〇〇八年
山下潤：スウェーデンにおける土壌汚染対策と汚染地での都市計画、比較社会文化、第一八号、二〇一二

# あとがき

土壌汚染は私たちの身近に起こり得るものであり、原発の安全神話の下に起きた放射性物質汚染のように、ある日突然、土壌汚染も「知らなかった」では済まされない事態に陥るおそれがある。築地市場移転先の豊洲の土壌・地下水汚染、福島原発事故の放射性物質による土壌汚染、そして全国で毎年九〇〇件以上の土壌汚染が発覚している事実、この現実が「土壌汚染について知る」ことの大切さを、私たち一人ひとりに投げかけているように思えてならない。これが本書を執筆するきっかけであった。

土壌汚染は、環境問題であるのはもとより、汚染地のブラウンフィールド化により都市再生の阻害要因となり、深刻な社会的・経済的な問題にもなりつつある。土壌汚染対策が目指すのは、必ずしも汚染物質を完全になくすことではなく、汚染物質による健康リスクを許容される範囲内に低減すること、つまりリスク管理である。この考え方は全般的に環境汚染の対策に言えることでもある。また、土壌汚染によるブラウンフィールド化を避けるためには、リスク管理に基づき、土壌汚染対策と都市再生とを一体的かつ柔軟に推進する必要がある。

一方、放射性物質による土壌汚染については、放射性を技術的に止めることはできないので、除染で発生する除去土壌の処分地はリスク評価に基づき管理するしかない。しかし、福島原発事故による放射性物質汚染にみられるように、現実には除去土壌の最終処分地を確保することはきわめて困難である。原発から出る放射性廃棄物の処分も同じ問題を抱えている。

土壌汚染対策のためのリスク管理においては、自治体、事業者および市民によるリスクコミュニケーションが不可欠であり、私たち市民に対しても土壌汚染に関する正しい知識と理解が求められている。もし私たちが土壌汚染について何も知らずに、単に汚染に対する不安に支配されると、汚染土壌の除去と浄化しか策がなくなり、結果的に実現性に乏しくかつ問題がより深刻化する状態に陥るおそれがある。私たちは、自ら土壌汚染について正しく知り、そして一歩踏み出すことが求められているのではないだろうか。

本書がその一助になれば幸いである。

本書の出版に際して、技報堂出版株式会社及び同編集部の星憲一氏にたいへんお世話になりました。ここに、心より感謝の意を表します。

二〇一九年五月

田中　修三

## 著者紹介


### 田中　修三（たなか　しゅうぞう）

1952年　宮崎県生まれ
明星大学理工学部教授・工学博士、元副学長
Asian Institute of Technology 元准教授（在バンコク、JICA派遣）
1974年　鹿児島大学農学部卒業
1981年　Michigan State University, Graduate School of Engineering, Master of Science
1984年　東京大学大学院工学系研究科都市工学専攻博士課程修了
専門は水・土壌環境学とバイオエネルギー


## 主な著書

「水環境工学・改訂3版」オーム社（2014年）
「基礎から学べる環境学」共立出版（2013年）
「地球環境調査計測事典　第2巻陸域編2」フジ・テクノシステム（2003年）
「生活排水対策」産業用水調査会（1998年）　ほか

**土壌の汚染を知る**
**地下にひそむ汚染、その全貌と対処戦略**
定価はカバーに表示してあります。

2019年8月20日　1版1刷発行　ISBN978-4-7655-4487-0 C1040

著　者　田中修三
発行者　長　滋彦
発行所　技報堂出版株式会社
〒101-0051　東京都千代田区神田神保町1-2-5
電　話　営　業（03）（5217）0885
編　集（03）（5217）0881
F A X（03）（5217）0886
振替口座　00140-4-10
U R L　http://gihodobooks.jp/

日本書籍出版協会会員
自然科学書協会会員
土木・建築書協会会員

Printed in Japan


装丁：田中邦直　印刷・製本：昭和情報プロセス